團隊風險指數

超速凝聚高效團隊力
攜手破解企業信任危機

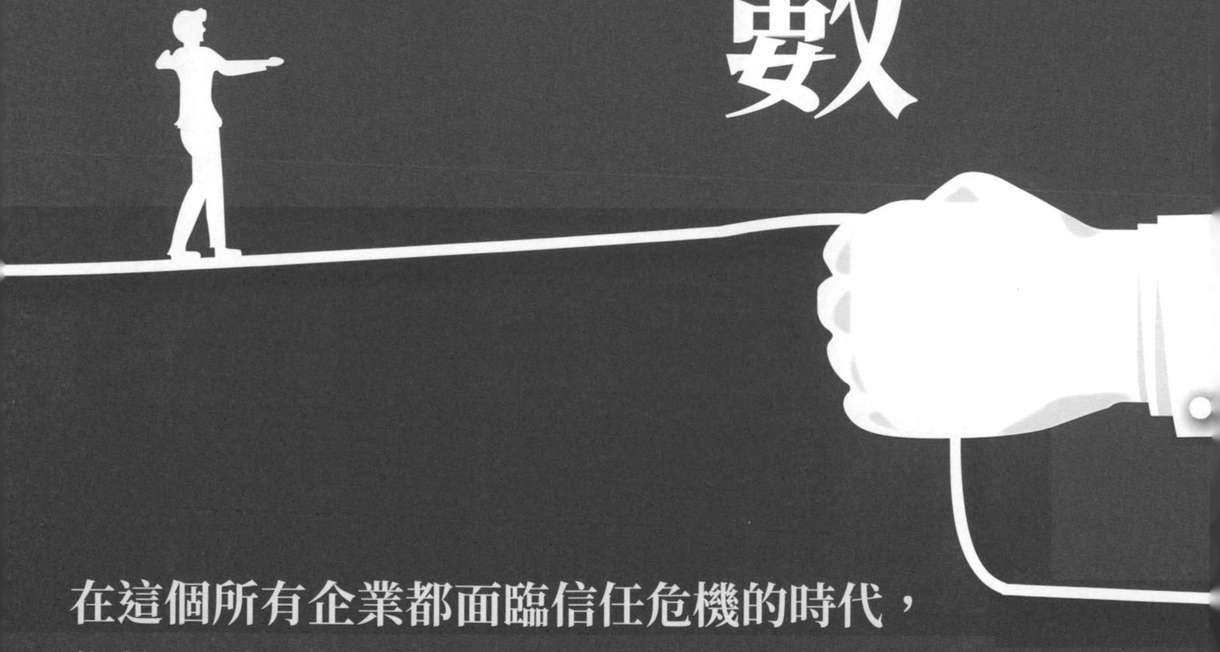

在這個所有企業都面臨信任危機的時代，
你的團隊風險指數是多少？

- 老闆為何犯錯：專權的老闆，是失敗的老闆
- 到底聽誰的：「多頭領導」的隱藏危機
- 開誠布公有這麼難？：金魚缸效應

楊仕昇
朱明岩 著

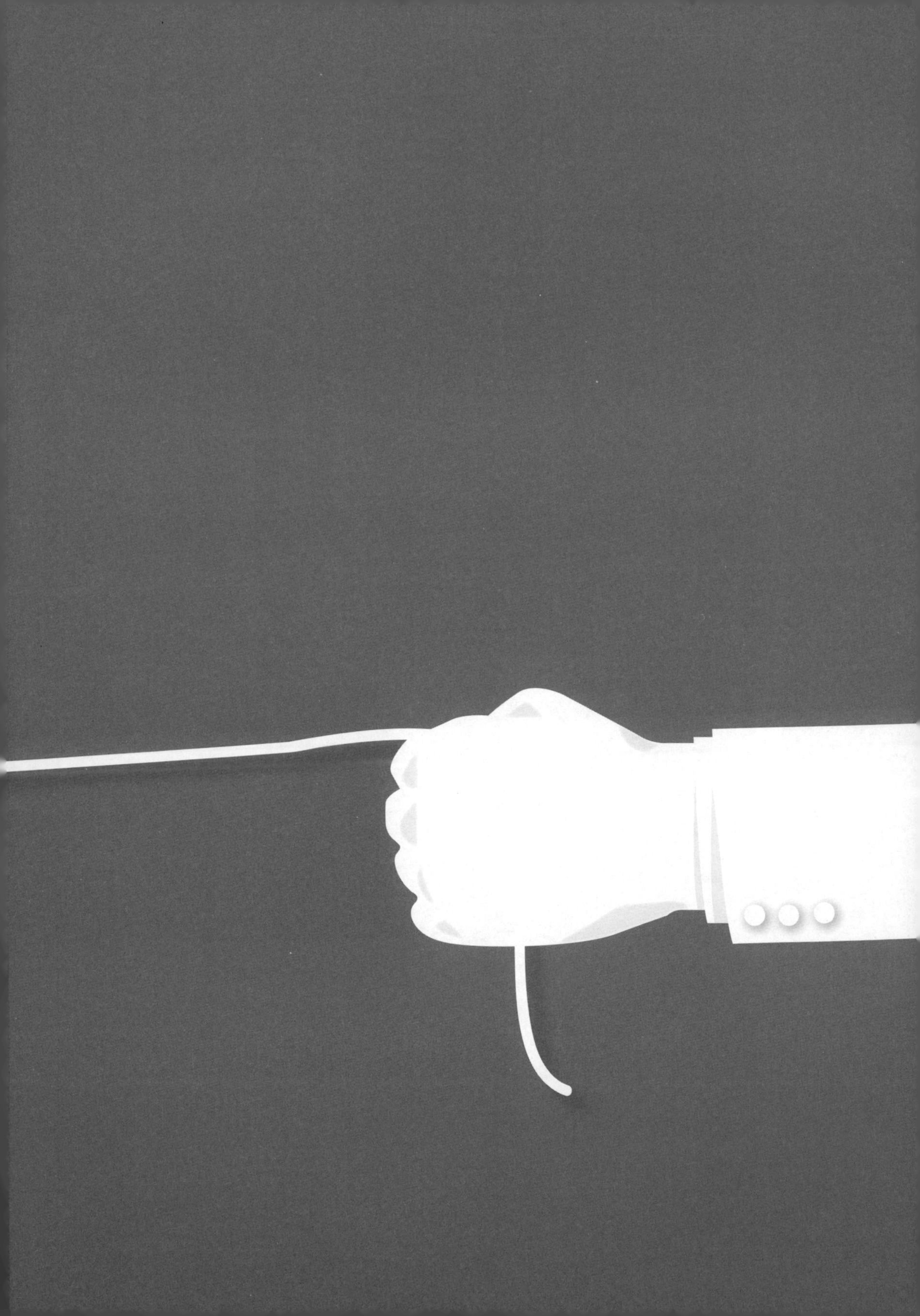

團隊風險指數

超速凝聚高效團隊力，攜手破解企業信任危機

目錄

目錄

目錄

團隊風險指數

超速凝聚高效團隊力，攜手破解企業信任危機

贏得員工的信任

培養下屬

揚長避短，用人所長

授人以魚不如授人以漁

靠制度來最佳化管理

敢於任用年輕人

300 298 295 291 288 284

前言

某網站曾做了「員工對直屬上層的信任程度」的調查，調查結果表明：百分之八十IT員工不信任領導者，百分之六十員工不相信企業領導者所描繪的前景，百分之四十員工隨時準備離開。有超過百分之二十的員工對自己的直屬主管不信任。對主管階層缺乏信任，員工行為就會短期化——缺勤增加、拖延工作、準備後路、把建立對外關係看得比公司利益更重、要求短期現金報酬……這些短期行為都是會直接影響到團隊績效和部門效益。

而在企業之中，老闆不信任自己精挑細選的員工，所以安裝了監視器，監視那些為他賣力工作的員工；領導者不信任下屬，害怕他們越級告狀，所以給了他們繁瑣的工作，讓他們無暇顧及其他的他們所不應該知道的事情。常聽企業領導者幹部嗚冤：自己一番苦口婆心，已是仁至義盡，得到的卻是狗咬呂洞賓，不識好人心；基層員工抱怨：認為幹部高高在上，與員工隔心隔肺。我們從這些牢騷中不難看出上下級之間隔閡太深，缺少了解和理解，這就是我們所謂的企業內部信任危機。

某知名企業的員工劉先生說：我想談談自己的切身體會：作為一個企業的員工，我堅信員工應該對企業忠誠、盡職盡責，可是作為企業本身又給予了我們怎樣的感受呢？我自認自己不是個要求很高的職員，我的職業準則是：作為我的老闆，你可以不重用我，但是你不可以不信任我。

否則我為你工作的意義何在？難道僅是為了那點經濟來源？工作時會像個監工似的趁你不注意忽然走到你的身邊監視，無奈只能忍！原本已經安排好的工作他要打亂秩序，原本定好送你去參加認證培訓，回來更利於工作的，可是最後也還是沒消息了，原因居然是：「他還不能真正算是我們公司的職員，我們沒有理由出錢讓他去培訓。」我只覺得自己心裡打擊很大，不知道其他同仁聽了是何感受，那一瞬間我忽然明白了為什麼現在公司現狀日漸消沉的原因——信任危機。

資深主管市場是一個特殊的人力資本市場，這是一個「職業」企業家的僱傭市場，涉及到企業家精神的甄別和激發以及企業在剩餘權利的重新安排上。資深主管是相對於企業的股東或對老闆而言的，他們是借助於他們所受到的專業訓練或擁有的專業技能而走上管理職位的人。企業的職能是提供資本，而經理人的職能是營運資本。資深主管是管理分工的結果，所以企業與資深主管之間存在著天然的矛盾，即委託——代理矛盾。家族企業的高速發展帶來對資深主管需求增加，但是在缺乏信任的情況下引入資深主管是不成功的。

很多企業並沒有協調好老闆與資深主管之間的關係，沒有處理好兩者之間存在的矛盾，最終給企業帶來了巨大的損失。近年來，市場上頻繁發生資深主管與老闆擦出火花的事件。無論是老闆還是資深主管，都存在著很多的問題。

信任是人與人之間一種最可貴的感情，信任員工就是尊重他的人格，沒有這種信任，就不可能使他產生自尊、自重、自愛，也就不可能使員工在工作中發揮積極性、主動性和創造性。老闆與員工等於是組織戰隊，必須要團結一致，才會產生力量。換言之，老闆和員工在互信的基礎上密切的結合在一起，才能凝聚成一股龐大的力量，否則，彼此的力量不但會相互抵消，而且還會

前言

產生反效果，形成四分五裂的局面。

不信任確實是企業的一種危機，在不信任之中企業會變得沒有競爭力，老闆與下屬矛盾多發。上下級間的猜忌有時就像野草一樣，一旦有了存在的空間，就會肆意瘋長。而實際上有許多「不信任」是因為溝通不良而產生的隔閡；也有許多「不信任」是因為老闆或員工存在的一種想像罷了。

本書採用真實的案例加上深入淺出的理論分析，讓所有的企業老闆明白：作為一個企業領導者，必須氣度恢弘，就要大膽放開你的手，敞開你的胸懷，特別是高層領導者，更應該懂得「信任、放手」的道理，清楚哪些事應該自己親自去做，哪些事應該交給下屬或員工去做。對於自己應管的事，就要把事管好，對於那些應由下屬做的事就要選賢任能、大膽放手。才能做到信人不疑，才能用好那些超過自己的人才。

第一章　信任危機：企業的生死劫

根據某調查機構對幾千名員工進行了問卷調查，其中百分之三十八的員工對企業的總體信任程度比較低；百分之五十二並不認同企業的政策與制度；百分之三十九對企業高層管理者持懷疑態度；百分之五十認為直屬老闆不值得信任。這成為企業能否生存和發展下去的生死劫。

當企業遭遇信任危機時

相對於一個企業來說，信任是合作的前提，也是管理的基石。如果企業與員工之間不能相互信任，一個團隊的凝聚力也無從談起，肯定是一個沒有市場競爭力的企業。我們可以說，這是保持企業立於不敗之地所必須逾越的「鴻溝」。

信任對一個企業有著至關重要的作用。它不僅能使企業與員工處於互相理解、互相包容的和諧氛圍中，還能使每個員工都感覺到自己對企業的價值，滿足個人的精神需求。信任更能有效提高和諧程度及合作水準，促進企業的順利開展。

儘管信任對於一個企業具有不可低估的力量，但實際上很多企業都把這一點忽視了，處於一種內部的信任危機當中。比如：老闆在員工面前沒有威信、企業沒有凝聚力、向心力缺乏、中基層管理者和員工沒有積極性等，企業就像大海上一艘隨時都可能沉沒的破船。那麼，如何才能化解這種讓企業老闆感到惱心的內部信任危機，從而上下一條心，提高員工工作效率和公司效益呢？

首先，我們從企業領導者自身來說，建議首先要具備兩個度：廣度與高度。

第一是廣度，其中包括胸懷寬廣度、交際廣泛度和學識廣泛度。有容人的雅量，就能領導得了比自己某方面能力更強的人，因而能帶出一個「狼的團隊」，而不是「羊的團隊」；其次是交際廣泛度。心胸寬廣的企業老闆，一般不會輕易發脾氣，總是能大肚能容，因而容易與下屬、基層員工相處和交流，有利於工作的開展；學識廣泛度也是極其重要的。因為你知道的事情總是比員工多，對風險的預見也總是比別人準確，就能把握住企業方向，引導團隊朝正確的方向前進。

第二是高度。如果哪個企業老闆目標高，那他眼光肯定遠。他會把工作當成事業來做，也會專心經營公司品牌，並珍惜在每一個難題的歷練，更在意企業為員工提供發展的平台。因為他的目光長遠，所以不會浮躁，能夠腳踏實地為企業為員工著想，因而也就比較容易取得成績，也容易讓企業獲得更多成功機會。同時，這樣的老闆始終能認識到自己的不足，始終能正確看待企業的失敗與成功，他會經得起失敗，更經得起成功；另外因為老闆的思維高度，就會把權力看得很淡，把員工利益始終放在第一位。一方面，他善於授權，更善於激發員工自我奮進的欲望。另一方面像某些成功的領導一樣做自己該做的事，不爭權奪利，把本分工作做好；樂觀向上。人的情緒是可以傳染的，如果企業的老闆總是悲觀、消極的，那麼這個企業永遠不會是欣欣向榮的。

其次，從治理信任危機的方法上，建議企業老闆們做到如下幾個方面：

1　不任人唯親

作為一個企業的老闆，你必須明白的是：任人唯親是企業信任的毒藥。你一旦任人唯親，就會對有相互熟悉、有特殊關係或共同經歷的人盲目信任並加以重用。任人唯親就會讓員工對企業失去信任，嚴重危害了企業的正常發展。任人唯親的結果主要表現在以下幾方面：一是使中高層管理者不但獨斷專行，更會大權獨攬；二是哪個優秀的人才會加盟這樣的企業？能來公司上班的難道還是一些傻瓜笨蛋的人物？這對企業的整體素養無疑是個嚴重的傷害；三，你的親朋好友都當官了，作為外人的員工會更不思進取，還談什麼缺乏創新和憂患意識。彼此信任是企業的無形資本，也是企業的無形財富。所以也希望企業老闆們做到任人唯賢，能者上、庸者下，絕不任人唯親。

2 信守承諾，敢於承擔責任

如果企業哪一次不小心打了一場敗仗，企業高層領導者把責任推給下屬，唯獨把自己清理得沒有一點錯誤，員工肯定會寒心的。這讓他們以後還怎麼相信你？此時正確是不但要認識自己的錯誤和失誤，更要勇敢承擔責任，不要互相推諉。如果你總是把成績留給自己，讓下屬去背黑鍋，還有誰能聽你的號令去衝鋒陷陣？同時，作為一個企業的老闆必須言而有信，當獎則獎，當罰則罰，否則就會失去擁戴。切不可朝令夕改。

3 不但要在情感上信任，也要在制度方面信任

心理學家們認為，情感的信任是人類最基本的需求，因為人們之間畢竟是有感情的，無論是法律制度下還是其他形式下的信任，離不開感情這兩個字。但是必須盡最大程度把情感與法律制度分開，從而推動整個企業健康有序的發展。

4 合理的授權

生產線的衛生也要老闆檢查、員工的請假單要老闆批示……事必躬親導致的結果一是效率低下，二是團隊失去工作的積極性和主動性。因此必須透過合理授權，使企業每一個成員都有充分發揮自己能力的平台。用人不疑、疑人不用，賦予下屬相對的權利義務，鼓勵其獨立完成工作。

5　有一顆寬容之心

作為企業老闆，如果你真想要營造信任的氛圍，就應當有寬容員工的失誤和失敗的魄力。在美國的3M公司有一句著名的格言：「為了發現王子，你必須與無數個青蛙接吻」。「接吻青蛙」意味著失敗，但失敗往往是創新的開始。當然，容許員工失敗並不是鼓勵他們為所欲為，放任自流，而是激發員工們戰勝困難的勇氣。

6　有效的溝通

我們如果把企業比做一台機器，那麼有效的溝通則是優質的潤滑油。沒有潤滑油的機器，只會有一個結果——破碎。有效的溝通有利於企業與員工之間相互了解、交流，結成夥伴關係。要真正進行有效的溝通，首先必須在做企業出重大決策時，虛心聽取各方面的意見；另外鼓勵員工提出合理化建議，不搞一言堂、家長制，從而充分調動其主觀能動性。

7　規範考核、激勵體系

企業在考核、激勵方面應該堅持公平、公開、公正，才能贏得人心。如果哪個老闆信奉「做事的不如說話的，站著的不如睡著的」，肯定他已經山窮水盡，大廈將傾的日子已經不遠了。

8　加強文化的融合

如果員工們都不認同自己企業的文化，哪裡會做到心往一處想，力往一處使？就像一艘航行在茫茫大海的船隻，特別是遇到大風大浪的時候，水手們都是向著共同的方向努力，能夠風雨同舟。因此我們說，要加強員工對不同文化的融合能力，促進不同文化背景的員工之間的理解，就必須根據企業的策略發展要求與客觀環境，建立起企業獨特的文化理念，使員工形成共同的價值觀並達成對企業文化的共識。這樣一來，企業與員工之間的信任才有了堅實的平台。

9 有吸引力的薪資

無論是對哪一個員工，如果企業對他空談信任，沒有合理的回報，他們說什麼也不會信任企業的。因為薪資是對員工價值最有力的體現，也是對他們是否信任的重要表現形式。

10 掌握人員去留的藝術

怎樣才能讓員工對企業產生信任呢？這就要求企業必須建立清晰的標準來衡量，在員工們誰去誰留的問題上做到坦率和透明，從而大大減弱員工的疑慮與恐慌。

是誰讓企業在刀刃上跳舞？

談到交一個朋友，你首先會問這個人人品怎樣，可靠嗎；如果你到商場去買家電之類東西，首先會問有沒有保固；夫妻之間會相互猜忌著對方的忠誠心……而在一個企業之中，常聽企業領導者鳴冤：自己一番苦口婆心，已是仁至義盡，得到的卻是狗咬呂洞賓，不識好人心；基層員工抱怨：說老闆站著說話不腰疼，飽漢子不知餓漢子飢……認為主管高高在上，與員工隔心隔肺。我們從這些牢騷中不難看出上下級之間隔閡太深，缺少了解和理解，這就是所謂的企業內部信任危機。造成信任危機的根本原因就是溝通不到位。由於企業老闆位置身分特殊，是處於主導因素和主導地位的那類人。企業要想確保溝通順利，消除信任危機，需培養和提高老闆們的溝通藝術，對於化解上下級間的信任危機，至關重要的是營造融洽的氛圍。

但問題是，目前企業中的信任危機已經越來越暴露，企業從員工進入就開始宣揚：員工是企業的主人。為員工組織的培訓活動也大都會注重團隊信任合作這類問題。可是一旦到實際卻是差強人意。

某知名企業的員工劉先生說：我本人的切身體會是：作為一個企業的員工，我堅信員工應該對企業忠誠、盡職盡責，可是作為企業本身又給予了我們怎樣的感受呢？我自認自己不是個要求很高的職員，我的職業準則是：作為我的領導者，你可以不重用我，但是你不可以不信任我。否則我為你工作的意義何在？難道僅是為了那點經濟來源？工作時會像個監工似的趁你不注意忽然走到你的身邊監視，無奈只能忍！原本已經安排好的工作他要打亂秩序，原本定好送你去參加認證培訓，回來更利於工作的，可是最後也還是沒消息了，原因居然是：「他還不能真正算是我們公司的職員，我們沒有理由出錢讓他去培訓。」我只覺得自己心裡很打擊，不知道其他同仁聽了是何感受，那一瞬間我忽然明白了為什麼現在公司現狀日漸消沉的原因——信任危機。

我們雖然經過溝通，雙方嘴上已經互表信任，但私底下總是擺脫不了猜疑。我不大清楚其他企業目前的現況如何，我們企業勉強還算是個知名的外商，可是現象已經這麼嚴重，聽公司的老員工說：「沒能力的只好在這裡繼續混，有能力的都跳槽走了，如果說我們公司是個大游泳池，那麼我們都是在池裡划水的，以前划的現在繼續划，還沒划的現在也準備跳下去划。」我不禁感到擔憂，這樣的信任危機要持續多久，如何才能改變這樣的現狀。

某公司的人力總監張誼說：套用拿破崙的名言，不想當將軍的士兵不是好士兵；同樣，不想擔當高階職務的領導者也不是卓越的領導者。但是，領導者的升遷必須建立在勝任的基礎之上。如果你和員工之間沒有充分的信任，你最好不要去擔任高階職位，更不要倉促提拔員工擔任部門主管職務。否則，當信任危機突然來臨的時刻，不管是作為當事人的管理者還是企業本身，沒有一方會是真正的贏家。

那麼，在權力那誘人的光環中，你會遭遇著名的「彼得原理」：「企業的每位員工趨向於上升到他所不能勝任的職位」。「權力的職位最終都將被一個不能勝任者所占據。企業的策略目標或宏偉計畫多半是由尚未達到勝任階層的員工完成的。」如果真是這樣，這不單單是企業老闆的悲哀，更是企業的災難。作為一名人力資源管理者，我的體會是：信任是一件玻璃藝術品。無論老闆和下級，千萬要愛護和小心翼翼的維護它，任何人的不經意，都會使之破裂，修復很難，即使勉強修復，裂痕依在，且更容易破裂，信任的破裂會傷人，傷的最厲害的就是珍惜它的人。雙方共同信任的感覺顯得非常珍貴，尤其在現在這個缺乏誠信的社會。這種感覺往往能夠代替金錢達不到的作用。

我明白，多數企業一般都會制定年度的培訓計畫和福利計畫，裡面一定會有和激勵相掛鉤的。拆東牆補西牆的把戲最終會浪費的公司財力物力，信任危機的現象依然會出現。

從企業領導者角度來看，如果與下屬之間缺乏充分的信任，無論自己的能力多強，也不可能真正「勝任」職位的需求。因此，領導者在擔當要職以前，你要客觀評估自己與下屬之間是否具備足夠的信任基礎。同樣，你在提拔員工之前也應當來一番信任的考查。在上下級的管理者之間，無論是一方對另一方的不信任，抑或雙方互不信任，都會給企業帶來深遠的傷害。

需要強調的是，既然信任是人與人的關係中一種客觀的狀態，它就不可能是單方面努力的結果。信任是不可能透過約定或承諾的方式來實現的，它是一種水到渠成的結果。員工與員工之間，特別是上司與下屬之間，信任是一種狀態，而不是法律或規章制度。不信任或信任危機也不會單單給一方帶來傷害。因此，我們大家努力建立信任的關係，並非是誰的義務，換言之，並非只有下級才有義務去贏得老闆的信任。

只要我們仔細分析一下，這些發生在企業內部的信任危機就可以看出，當一方承諾對另一方充分信任的時候，我們完全相信這種承諾是真誠的，並且有足夠的理由來證明它是真誠的。但是，隨著時間的推移，做出信任承諾的一方不再信任對方時，這樣的不信任也是真誠的，並且理由還會更加充分。因此，員工與企業之間的信任與否，都不可能透過承諾或約定來實現，只能在實踐的考驗中去建立。具體來說，當員工對企業產生信任，只能依靠工作成果來贏得，因此，這種信任是不斷驗證的結果；而對品質或立場的信任同樣只能透過點點滴滴的考驗來累積。

信任不可能憑空而降，它的建立是需要付出代價的。管理者如果發自內心的認為自己當下服務的企業是人生的事業平台，那麼，就要有為建立信任付出代價的思想準備和胸襟，甚至需要對自己的個人利益做出犧牲。因此，當信任危機到來的時候，或者自己與他人之間出現互不信任的徵兆時，管理者首先要進行冷靜客觀自我反思，而不僅僅是抱怨對方的背信棄義。

信任危機：隨時可能爆發的火山口

信任是人與人的關係中最基本的基礎，但不同性質的關係需要不同程度的信任。例如：我們在大街上信步前行，只需要信任與我們擦肩而過的陌生人不會對自己進行無端的騷擾；但如果我們在某種利益關係下結成特殊的團隊（比如成為同一家企業的同事），那麼，就需要更高更深的信任。因此，在企業行為中，信任的本質是企業對員工在能力、特質等方面的信心。如果沒有這種起碼的信心，就會使「共事」的效果大打折扣，就會使員工的絕大部分注意力集中到相互之間的猜疑、防備和爭執中，反而把企業為客戶創造價值的使命拋諸腦後。

更可怕的是，老闆不信任自己精挑細選的員工，所以安裝了監視器，監視那些為他賣力工作的員工；領導者不信任下屬，害怕他們越級告狀，所以給了他們繁瑣的工作，讓他們無暇顧及其他的他們所不應該知道的事情。

某網路曾做了「員工對上司的信任程度」的調查，結果表明：百分之八十IT員工不信任領導者，百分之六十員工不相信企業領導者所描繪的前景，百分之四十員工隨時準備離開。有超過百分之二十的員工對自己的直屬老闆不信任。員工對上司缺乏信任，他們行為就會短期化——拖延工作、無故遲到、缺勤增加、把建立對外關係看得比公司利益更重、要求短期現金報酬……此類反常行為都會直接影響到團隊績效和部門效益。從網上調查的揭露，我們來聽聽員工的心聲：

1 上司不信任下屬，下屬怎麼會信任上司：相互信任的關係是建立在雙方自願基礎上的，如果領導者相信下屬了，上下級之間才容易建立起相互信任的關係。

信任危機：隨時可能爆發的火山口

2 犧牲下屬利益：由於社會競爭激烈，領導者與員工之間同樣存在利益關係，往往領導者會讓下屬背黑鍋，這加劇了信任危機。

3 視員工如草木，使領導者難獲信任：不能給下屬以積極的幫助和關懷的領導者同樣不會贏得下屬信任。

4 保持獨立思維不可過度信任：對老闆，我們可以持謙虛的態度，學習其可取之處，取其精華，但不能太信任，否則會失去自己思考的能力，或不能提出什麼建議性的假設。

總上所述的各家觀點，企業的領導者如果不實事求是、經常搞派系鬥爭、不尊重不同意見、不能開誠布公、任人唯親等，非常容易失去員工的信任。

現代企業與封建組織最根本的區別是，企業強調人與人之間的平等，以及對人的基本尊重。有的企業老闆單方面的要求員工對公司百分之百的忠誠，卻對員工沒有百分之一的信任。因此，企業所強調的「忠誠」，是在企業充分尊重員工正當訴求的前提下，員工對企業的意志或主張的高度認同與由衷維護。他們的忠誠不應該當被片面的認為對某老闆的忠誠，工作中的上下級之間並不存在人身的依附關係，應該是平等的合作關係。作為企業的員工，領導者對員工的信任更不應該建立在權力的屈服下。

在企業管理中，決定一名員工是否忠誠往往由他的老闆來決定，這就會造成員工忠誠的對象被「偷換」成某位特定的領導者。這種現象普遍存在於企業的中階主管或基層管理者中，這對企業造成管理的風險。即便是作為被「效忠」對象的管理者本人，也只會有害無益。為了避免出現這種狀況，企業需要對員工的信任度做出明確的表示。這種信任的權力不能僅僅由員工的老闆壟斷。因此，管理者對員工的信任及其表現形式，對於他擔當大任有著至關重要的意義。

管理者對員工的忠誠也是需要付出實際行動的，至少需要放棄一些獲得不正當利益的機會，遠離各種形式的壓迫。雖然這種觀點看上去似乎有「不言之言」味道，但在當職務腐敗被視為當然的職場風氣之下，如此強調更不應該被看作是多餘之舉。

一些企業的老闆經常抱怨管理越來越難了：「不給錢的話員工沒有幹勁，給的錢多了也不見得他們的工作效率就有所提高」。現在，老闆們的腦子也越來越受罪，經濟危機說不定什麼時候來一次，企業時時面臨風險先生的考驗。如何穩定「軍心」成為老闆們最頭痛的一道難題：如果現金流開始萎縮，企業重要的客戶開始流失，怎麼讓員工相信你這艘船不會沉沒，怎麼讓他們幫你撐過最艱難的時日？

不信任確實是企業的一種危機，在不信任之中企業會變得沒有競爭力，老闆與下屬矛盾多發。而實際上，有許多「不信任」是因為溝通不良而產生的隔閡；也有許多「不信任」是因為老闆或員工存在的一種想像罷了。上下級間的猜忌有時就像野草一樣，一旦有了存在的空間，就會肆意瘋長。這樣，很有可能變成疑神疑鬼、無中生有。不管發生的原因是什麼，只要有「懷疑」存在，企業的發展就沒辦法更好。

企業對員工使用物質刺激的方法顯然行不通了，不是每個企業都有這個財力，而且危機時刻企業要發展就要確保每一分錢都要用在刀刃上，致使不少企業不知道該如何去激勵自己的員工了。事實上，激勵員工非常重要的無疑是金錢，但在企業管理中，員工對於尊重二字有時看得比金錢還重要。其實，員工之所以為企業工作，謀生是第一個目的，但是不是真的在賣命就要看在他們心目中這個組織是否值得為之奉獻了。

而在這種情況下，「以人為本」的激勵手段被提到了前所未有的重要位置上。這不僅僅是因為這種手段「零成本」，更重要的是它可以幫助企業度過最可怕的信任危機。

什麼是以人為本？對員工持以尊重的態度，給他們更高的自主權，給他們「立功」的機會，幫助他們解決生活上的後顧之憂，理順公司結構掃清他們的晉升障礙等等，這就是以人為本。儘管很多人知道有這種不信任的存在，但不是很多人對這種信任危機的惡果有深刻認識。可以肯定的說，只要這種不信任存在，打造永久長青的企業就困難重重，甚至會導致更加嚴重的企業生存危機。

很多企業號稱採取「人性化管理」，但骨子裡還是把員工當成了賺錢的工具。現在流行這樣一種說法「員工不是企業的成本，而是企業的資本」，而真正能把員工潛力激發出來的也只有人性化的激勵策略了。此外，老闆們千萬不要以為現在就業局勢不樂觀員工們就絕對會「忍氣吞聲」。實際上，由於待遇福利縮水而積壓的不滿情緒很容易大範圍蔓延，如果老闆在裁員降薪的時候非但不人性化，反而做一些「不恰當」的事情令員工們寒心的話，搞不好還會鬧出「後院起火」的惡性事件，因小而失大。

不要對這種信任危機的苗頭掉以輕心，因為企業發展的主要動力，便是員工的信任度，當信任遭遇危機，企業的根基便開始遭受侵蝕，不敢想像一個「老闆不信任中階主管、中階主管不信任員工」的企業將會出現怎樣的混亂。

由信任危機引發的「疑神疑鬼」症

說到疑神疑鬼，只不過是老百姓常有的專利。其實，在現代企業管理中還真有一些老闆患有「疑神疑鬼」症，這些老闆整天疑神疑鬼，懷疑小張在怠工，小李在挖牆角；懷疑小王天天就知道做兼差，小趙時時想著爭奪他的位置。老闆一天到晚都認為他的下屬總是向他隱瞞了什麼事情。不信任合作夥伴劉經理，不信任副手小周，不信任一大批基層員工，不信任採購員小董，老覺得他有貪汙的嫌疑，不信任財務常小姐，總認為她有許多帳目搞得不明不白。自己累，員工也累。

老闆是什麼？業務判斷力是管理者必備的一種能力。敏銳的業務判斷力可以幫助管理者洞察與企業的行業、市場、競爭、客戶和產品技術等方面的發展趨勢或客觀規律。如果沒有這種能力，管理者就不可能有效擔當團隊領導者和組織負責人的角色，就會出現「外行領導內行」的尷尬現象。一般來說，企業管理者的職位越高，更是需要具有宏觀的業務判斷力；職位越低，就越是需要更微觀和更專業的業務判斷力。大企業的老闆只需要具備對宏觀趨勢的策略洞察能力；而具體職能部門的管理者，首先可能要求是業務方面的專家。這是很多企業老闆們還沒有弄明白的問題，其實，老闆就是邀請別人幫助做事賺錢的人。不管你企業大小，對於老闆來說，能否把人才放在合理的地方決定著企業的效益多少，甚至是生死關鍵。如何使人盡其材是很多老闆們最關心的事。老闆的工作就是用人。

如果讓一個老闆完全用人不疑是不可能的。幾乎所有的老闆都有疑人這個習慣。關鍵是要用人要疑，疑人有度，即能正確把握疑人有度的原則。

第一，疑人要在前。在用一個部門經理或員工之前，要充分疑人，對其德、才充分要經過多次、反覆考察，考察好了再用。這是對僱傭雙方都負責的態度。比如：對一個部門經理的才能不能充分把握，出現超出能力的情況，不僅企業受損，其本人也會不堪重負。

第二，用人之後，哪怕是一個最普通的員工也要給予充分信任，要堅持客觀公正的評判一個人才的能力，不能憑個人主觀和臆斷。沒有人——一個專案主管或部門經理——能忍受一個整天疑神疑鬼的老闆，這不是錢的問題，而是尊重的問題。

第三，人是會動態變化的。這也是為什麼老闆們會始終保持對一個下屬的懷疑和警惕的原因。因此，公司在用人之前，老闆要設立一個科學、嚴謹的制度，透過制度來防範和管理，不是針對某個經理或員工，而是針對公司任何人員。

我們不能否認很多企業的老闆完全具備賺錢能力，但很多老闆不會當老闆也是不爭的事實。比如：一名房地產企業的董事長可以不必精通預算和施工藍圖的審核，但他必須對房地產行業和房地產市場具備高度的策略洞察能力；相反，此類企業的合約預算部經理則可以對房地產行業的整體發展趨勢不敏感，但卻必須首先具備高級預算專家的素養。曾經享有「食品大王」美譽的美國RJR食品菸草公司，前總裁郭士納為什麼能夠領導身陷困境的IBM再度走向輝煌？郭士納在電腦技術方面的水準連入門級都不夠，但他對這個行業的洞察與理解卻無人能及。因此，我們可以肯定，如果他當年不是接任IBM的CEO，而是接任IBM的某個業務部門的經理，一定不會如此得心應手。

由此可見，作為企業的最高層管理者，與其說是某種長年累積的「經驗」造就了他的業務判斷力，還不如說是過人的學習和理解能力、敏銳洞察力，甚至是思維方式使他能夠迅速深入把握哪怕是一個陌生行業的脈搏。換言之，無論對一個大企業還是小公司來說，會當老闆與不會當老闆之間的差距很大。也許是業績一億和百億的差距，企業持久的差距……

我們常說「不在其位，不謀其政」，這也是會當老闆的職業表現之一。也許有的老闆會說：「我的企業，我最珍惜，當然要事無鉅細都要管」。因此，有銷售幾十億的企業老闆一個一百塊的出差單都要終簽；有的精力旺盛的老闆經常越俎代庖，經常把一般員工做的工作拿過來親為，還美其名曰榜樣的力量是無窮的……這些不在其位，謀其政的行動，不僅無利反而限制企業的營運與發展。第一會延緩銷售的效率；第二打亂員工的常規工作安排；第三使相關人員得不到鍛鍊；第四，從此讓所有的下屬，從經理到一般員工都對你產和不信任；第五老闆未必事事專業，往往會熱心搞砸事，而下屬又敢怒不敢言。最後一條，也是最重要的一條：人的精力是有限的，這樣的行為多了，勢必減少老闆做好自己本分工作的時間。而企業的信任危機隱患也可能就此埋下。

如果有一天你做到了如下四點，就說明你真正做好了不在其位不謀其政：首選，你可以帶上老婆孩子出國度幾十天假，而仍然企業營運健康有序。其次，每天晚上八點以後，下屬沒有打電話向你請示處理某些問題。另外，你不再簽所有的報銷單據，但所有的帳目依然清晰透明。最後，你在一月中總有那麼幾天，獨自一人坐在辦公室，沒有下屬找你簽報告，也沒有客戶來訪，而是可以靜靜的思考一些問題或看幾本書。

當然，如果有一天你可以像某公司老闆一樣，出去爬山一走就是幾個月，而且企業營運狀況也往常的一樣好，那麼祝賀你。因為這些表象的背後是企業科學管理、健康營運的結果。

最忌諱的就是心胸狹隘

無數事實早已證明了這一點：作為一個企業領導者，最忌諱的就是由於心胸狹隘而掉進信任危機的漩渦。一個真正的領導者要有胸納百川氣魄，才能率領一個堅強有力，極具凝聚力和戰鬥力的團隊披荊斬棘，才能使企業走上健康發展的快車道。企業家、經理人要在這方面學習唐太宗和齊桓公兩個人：

唐太宗在一次宴會上對王珪說：「你善於鑒別人才，尤其善於評論。你不妨從房玄齡等人開始，都一一評論一下他們的優缺點，同時和他們互相比較一下，你在哪些方面比他們優秀？」

王珪回答說：「不但一心為國操勞還孜孜不倦的辦公，凡所知道的事沒有不盡心盡力去做，在這方面我比不上房玄齡；解決難題，處理繁重的事務，辦事井井有條，這方面我也比不上戴胄。認為皇上能力德行比不上堯舜很丟臉，常常留心於向皇上直言建議，這方面我比不上魏徵；宣布皇上的命令或者轉達下屬官員的彙報，能堅持做到公平公正，向皇上報告國家公務，詳細明瞭，在這方面我不如溫彥博；既可以在外帶兵打仗做將軍，又可以進入朝廷管理擔任宰相，文武全才，在這方面，我比不上李靖；至於批評貪官汙吏，表揚清正廉署，疾惡如仇，好善喜樂，這方面比起其他幾位能人來說，我也有一技之長。」唐太宗非常贊同他的話，而大臣們也認為王珪完全道出了他們的心聲，都說這些評論是正確的。

我們從王珐的一番話中可以看出，在李世民的官員中，每個人各有所長。更重要的是唐太宗能團結各方面的能人為國家所用，特別是魏徵——歷史上最著名、最不給皇帝面子的諫臣，可見唐太宗的容人雅量與寬廣胸懷。正是因為胸懷寬廣，能容魏徵這樣「天下難容之人」，李世民沒有遭遇到信任危機，才成就了他的豐功偉績。

歷史上不乏明君賢臣，春秋時期齊國的齊桓公就是一個好的領導者，他不計管仲箭殺之嫌，以虛懷若谷的博大胸襟，在鮑叔牙的力薦下，終於得到了管仲的輔佐，成為「春秋五霸」中第一位稱霸的國君，成就了其宏偉的霸業。

齊國有一個大夫叫連稱，乘齊襄公受傷之機，將齊襄公殺死了。剛好他的兩個兒子都不在國內，長子公子糾在魯國，次子公子小白在莒國。他們聽到齊國君死國亂時，都想搶先回國繼承王位。

有個距離的問題對長子公子糾很不利，那就是莒國與齊國比較近，於是管仲就帶領幾十名精兵強將騎著快馬先回齊國，他是公子糾的師傅，想先為公子糾搶得皇位。半路上，管仲他們終於追上了路途較近的公子小白的大隊人馬。管仲見此心裡一驚，隨之又計上心來，上前向公子小白問安說，公子糾是你的哥哥喪事應由他主持。公子小白的師傅鮑叔牙說：我們各為其主，你不要多說了。管仲見寡不敵眾便假裝後退，突然回身一箭射在了小白胸前的衣扣上，小白急中生智怕管仲射第二箭，便咬破舌尖，口吐鮮血，身子向後一倒詐死。

管仲以為公子小白已死，就對公子糾說齊國王位非您莫屬了。誰知未到齊國，有消息說公子小白已繼承王位了，他就是齊桓公，公子糾趕緊又逃回了魯國。

最忌諱的就是心胸狹隘

繼位後的齊桓公非常痛恨公子糾，特別是他的師傅管仲。一次，齊桓公得到一個與魯國交涉的機會，魯國為了討好齊桓公殺了公子糾，並把管仲綁送回了齊國，鮑叔牙對管仲熱情款待，並說服管仲為齊桓公效勞。

齊桓公一開始氣得非要殺管仲，但是鮑叔牙力薦管仲，說他有經天濟世之才，治國之良宰。最後齊桓公聽信了鮑叔牙的建議，隆重的任用殺己「仇人」管仲為宰相。經過幾年的光景，齊國在管仲的大力治理下，完成了從亂到治，從窮到富，從弱到強的富國強民歷程，一個強大的齊國在中原悄然崛起，齊桓公對管仲信任有加，國家大事均由管仲處理，並拜管仲為「仲父」。

「大肚能容天下之事」的彌勒佛精神境界是每一個企業老闆的嚮往，他那「大腹能容容天下難容之事，開口便笑笑天下可笑之人」的作風，應該成為企業領導者的學習榜樣。

然而，有的企業老闆只能容下能力、知識、才華低於自己及功勞小於自己的下屬。此時，領導者可以信任這些員工並用他們；反之，員工的才華、能力高於他，他就會疑神疑鬼。領導者必須氣度恢弘，才能做到信人不疑，才能用好那些超過自己的能人。作為一個企業領導者，就要大膽放開你的手，敞開你的胸懷，特別是高層領導者，更應該懂得「放手、信任」的道理，清楚哪些事應該自己親自去做，哪些事應該交給下屬或員工去做。對於自己應管的事，就要把事管好，對於那些應由下屬做的事就要選賢任能、大膽放手。

現實中，也有很好的例子和模仿的對象。比如：職業經理人的標竿唐駿，二〇〇八年因為以十億身價轉會到新集團而轟動一時。從微軟中國區域總裁到盛大總裁，再到新集團總裁，唐駿一路走來身價不斷攀升，而其成功的核心因素是心胸寬廣，或者說是心態好——陽光、幽默、樂觀、有熱情。據說他的祕書跟了他十幾年沒見過他發脾氣，他太太跟他過了二十幾年也沒見過他發火。用唐駿的話說就是：好的心態就是不挑剔別人的任何性格。他提出了一個「成功四加一」的理論——一代表心態，其他四個分別代表：勤奮、熱情、機遇和智慧。只要心態好，搭配另外四個裡的隨便哪個都能成功。

某著名外資企業前總裁孫先生退休時曾寫文章談到：什麼樣的領導者才是好的領導者，其中有一句話很經典：「好的領導者要有寬廣的心胸，如果一個領導者每天都會發脾氣，那幾乎可以肯定他不是個心胸寬廣的人，能發脾氣的時候卻不發脾氣的領導者，多半是非常厲害的領導者。有些領導者最大的毛病是容忍不了能力比自己強的人，所以常常可以看到的一個現象是，領導者很有能力，手下一群庸才或者一群閒人。」

後果嚴重：企業內部信任危機

隨著市場經濟越來越發達，人們生活方式、社會地位、價值觀倍受人們的關注，而企業內部的信任危機也越來越多的存在於廣大企業，企業內部的信任危機主要表現在有以下幾個方面：

大多數員工對領導者能否在沒有監督的情形下還能代表企業意志的行為是會有懷疑的，他們對企業領導者、領導者與領導者之間在敬業問題上的信任危機。如果企業高層領導者把個人的「仕」業看得高於企業的發展大業，那麼這樣的企業領導工作的動機就有問題，在關鍵時刻就會拿企業的利益作為個人「仕途」的交易品。

後果嚴重：企業內部信任危機

企業因為缺乏規範性的競爭機制，員工和幹部對企業老闆的能力是否能駕馭企業參與市場激烈的競爭，以及對中階主管能否實現職能管理存有疑慮。例如：二〇一〇年二月，豐田章男正面臨著來自公司基層員工和中階主管管理人員越來越大的質疑，他們懷疑在這場召回危機中，豐田章男是否能帶領公司走出困境。此次危機無情的揭露了豐田章男的管理風格和公司的管理結構。豐田章男的行為自安全危機曝光以來，包括正值豐田在美國宣布召回之際飛往瑞士達沃斯，在是否參加華盛頓的國會聽證會一事上猶豫不決，還有大部分時間待在幕後，令外界質疑他是否是一位果決自信的領導者。一些員工抱怨說，他們感覺自己被蒙在了鼓裡。豐田公司以外的其他批評人士也說，豐田章男用一群效忠豐田家族的人把自己包圍了起來，而這些人難以向他們的最高上司傳達不幸的資訊。對豐田章男領導力的質疑正值豐田因可疑的汽車安全問題在美國面臨巨大法律和政治壓力之際。

有些企業在職稱評定、職位競聘、職務升降等工作中，高、中階主管管理人員沒有真實代表企業意志。競聘過程沒有透過幾個固定的流程，比如演講、答問，員工透過向公司績效管理部門提出申請，經過考核後作為儲備幹部相互間展開比較，但領導者沒有透過他們的表現，為他們設立合理的工作職位。公司各分公司、辦事處的行銷行政架構是業務經理、業務主管、業務員、導購主管、理貨員、服務員。有服務員申請成為理貨員時，因為工作性質、個人表現的原因，公司也沒給予安排導購主管一職，理貨員申請導購主管職位，最後更沒成為業務員。

有些員工具有勤勞勇敢的傳統品德，吃苦耐勞，富於進取，適應性強；他們有較強的自主性；他們比較年輕，思想活躍。他們工作最賣命、最勤奮，日工作時間最長，但卻在職稱評定、職務升降、職位管理、聘用解聘等方面遭受到公司老闆、經理的不公平待遇。

在企業領導地位方面，領導者與領導者之間也可能會存在明爭暗鬥，也讓員工對領導者喪失信任。波士頓諮詢集團是一家做醫療IT的美國公司，這個公司是老闆和他的朋友共同創立的。公司剛成立時是很有雄心的，他們準備融資數十億美元、進行多樁併購並進行整合。公司的商業模式當時沒問題，但公司還是最終失敗了。原因是什麼？很簡單，公司的老闆和他的朋友互相爭鬥、最終分家。他們爭鬥的關鍵問題是誰持有百分之五十一的股份、誰持有百分之四十九的股份。老闆是這麼說的：「我為公司做的貢獻最大，我當然應該持有百分之五十一」。而他的朋友則堅持說：「一年前我們說好是一人一半，為什麼現在你要食言？」他們在這個問題上爭執了幾個月，而最後的結局是他們分家、公司關門。

一些有技術的人員在企業內部得不到重用，而產生了要「跳槽」的信任危機。無數的事實表明，任何成功的領導者身邊都有一個強有力的團隊，其最優秀的特質通常表現為：忠心耿耿、士氣高漲、思維活躍、配合默契、結構合理。但是，並不是每一個老闆都有幸能擁有這樣的團隊。優秀的團隊是帶領企業走向成功的基本保證，但是優秀團隊的建立卻並非一蹴而就的，還需要領導者投入必要的時間和精力加以逐步改進和完善。唯才論的含義是用人只以才幹來提拔，持這種理論的代表人物就是三國時代的曹操。曹操曾經說過：無論雞鳴狗盜之徒，只要有一技之長，都可獲得重用。確實，曹操在用人上無所不用，並且氣度宏大，三教九流，也成就了一番事業。

同事之間因為在職位和待遇方面存在競爭，如果競爭機制不健全或完善，相互之間就會在競爭方式等方面產生信任危機。

工作也是一種誠信，如果不能完成一次任務，就意味著對關聯公司和職位人員失去了一次信任、埋下了一顆信任危機的種子。

要是企業的老闆不以身作則，企業內部的信任危機將會越演越烈，因此要「雙管」齊下，一是用管理制度、規範性的程序來規範全體員工的行為；二是溝通員工靈魂的文化管道，管理制度永遠有管不到位的地方。如果能讓全體員工中實現企業精神的心靈溝通，信任危機將會大大減低。

哪來轉危為安的信心

團隊精神、凝聚力等成為眾多企業老闆和高層熱衷的話題。不容置疑，一個企業要有戰鬥力和競爭力，企業成員必須認可企業，對企業有信心，對企業心存信任。只有對你或企業有了很強的信任感，員工才可能產生歸屬感、榮譽感、責任感和團隊精神。當然，很多企業做了很多工作，如請專人規劃績效考核方案、菁英持股、開展各類培訓等，但企業老闆仍抱怨企業團隊凝聚力不夠，員工對企業的歸屬感不足，員工責任心不強。問題出在哪裡呢？

也許，企業老闆每天大部分時間忙於樹立企業形象和品牌形象上。但不知道從什麼時候起，你覺得企業內部管理似乎不那麼省心，你不但感覺到來自市場的壓力，更隱隱感覺到來自企業內部的種種不安，是不是也像其他企業一樣高管突然離去？如何提高員工的工作熱情和責任心？如何打造企業的團隊精神？

我們認為，其根本在於企業老闆應該讓員工有信心和值得信任。企業老闆和高層是不是該反省一下：作為企業老闆或高層，自己的企業是否存在信任危機？員工對你或企業的信心和信任從何而來？你自己得明白你要做的事，並且對要做的事充滿信心。如果你自己都感到困難重重，別人能從你身上感覺到信心嗎？別人會信任你嗎？

老闆是企業的主要決策者，除了自己清楚企業的策略方向外，還得準確向員工表達。企業要結合市場和行業給自己確定一個可行的定位和發展策略。也許不同的人有不同的價值取向，作為一個企業必須有一致認可的價值取向，或顧客至上，或團結進取等。只有價值取向一致，這個團隊的選擇和行動步調才可能一致。企業老闆在表達企業願景時，必須明確不得模稜兩可，更不能好高騖遠的。企業的目標只有讓員工理解了，他們才有可能明白前進的方向，並將自己融入進來，才可能有力往一處使。

做一個有責任感、特別是有社會責任感的企業老闆。責任感，不僅指對企業的經營負責任，更表現為對企業員工負責任，對社會心存感恩，有很強的企業公民道德和積極承擔相應的社會責任。很難想像，一個對人對事漠不關心的、或對員工的工作生活進步漠不關心的、或對社會事務、社會慈善事業漠不關心的、或唯利是圖只關心自己得失的、或不惜偷稅漏稅逃稅的企業老闆或企業，企業員工能抱多大期望和信心，又能寄予多大的信任。

一個有明確可行的經營願景，有積極的價值取向和企業公民道德，並富有社會責任感的企業，沒有理由不讓員工對其充滿信心，沒有理由不值得員工信任。

大家知道，授權與制約有一個度。放任固然不對，但只有責任沒有權利肯定無法讓員工有工作的熱情、工作的積極性和主動性。企業老闆有權利不信任員工，員工同樣也有權不信任你，特別是不那麼盡心盡力的為你工作。不少企業老闆一方面希望所有員工象其家族成員那樣忠誠，另一方面或多或少在員工開展工作有意無意的設定一些人為障礙，其實是對家族以外的員工心存猜忌。得不到適當的信任，員工會盡心盡力為你工作嗎？其實，很多企業內部信任危機並非空穴來風。

有些企業老闆喜歡將管理和制度極端化。其實，管理就是透過別人來完成任務；制度是為了將程序規範，因此越簡單明瞭越易操作越有效。透過管理，讓人明白，讓誰在什麼時間、什麼地方說了算。讓經理找到管理的感覺，讓員工知道自己如何在企業中生存和發展。不要將制度片面的理解為懲罰，學會以精神或物質的方式鼓勵員工，對員工大方點，讓管理還其激勵的因素。當管理和制度成為枷鎖時，人人都想盡辦法應付管理和制度，找理由推卸責任，互相推諉。這時，上下級之間、同事之間就少了信任，多了戒心。

在企業管理過程中，老闆對員工多一點相信，少一點防備。如果你在工作中處處對他們抱著戒心，這不但讓員工感受不到信任，更讓企業陷入互相猜忌、互相設防提防的循環。你處處防備著人，不信任人，員工同樣也不可能信任你。企業一旦處於動盪環境，員工離你而去就並不奇怪了。當你信任員工，你的企業才有可能形成同事間相互信任、相互欣賞、互相協作、共同進步的工作氛圍。

不要隨便失信於員工。如果企業老闆整天空話大話、缺乏真誠，是無法讓人對其產生信任的。信任的豐碑建起來相當不易，但可能因一兩件小事便讓你和企業的信任豐碑毀於一旦；朝令夕改、決策無為的企業，決策猶豫不決、反應遲緩的企業老闆，讓人難以信任。

有些企業的老闆整天鑽漏洞與員工簽訂所謂的勞動合約，企業老闆與企業在員工心目中的信任無疑大打折扣。員工有被你信任的感覺，才會對你和企業信任，才有可能將心與企業連在一塊。所謂「士為知己者死」，就因為被重視、被信任的原因。有了信任，才有歸屬感，才有責任感，才有奉獻精神，才有忠誠。

企業順境時可能都能賺錢，但當逆境降臨時，就只有管理好、團隊合力強的企業才能堅持和轉危為安。非常時期，企業內部的團結是平時企業內部上下同心、互相信任的累積，是這種累積起來的力量的爆發。這是一個平時存在內部信任危機的企業無法想像的。

在一次經濟危機中，松下電器公司老闆松下幸之助變賣自己的家產來支付員工的薪資，眾多員工重拾信心、對他充滿信任，選擇了與他一起風雨同舟，一起挺過困難。

當企業在非常時期，信心顯得無比重要。有的企業空前團結，所有人員擰成一條繩，一起經風雨迎彩虹。而有的企業則是大難來時各自飛，無疑這種企業凝聚力非常脆弱，企業的信任危機隨金融危機一起如期爆發。試想，一個充滿信任危機的企業哪來轉危為安的信心，哪來對未來的信心？

信任度的關鍵

員工對企業老闆的信任可以提高組織效能、降低企業的運行成本、增強組織競爭力、提高企業凝聚力，同時是形成員工與管理者和諧關係的基礎。但是，企業和員工的僱傭關係發生了很大的變化，過去講求的是長期承諾，可是現在不但員工對企業的忠誠度不夠，企業對員工的信任度也不夠。根據「企業內部信任度調查」發現，企業的信任度有以下三個特點。

1　國企員工的總體信任度比其他類型企業的信任程度要低。某大學教授分析，可能是由於國企制度化的程度比其他類型的企業弱一些的緣故。至於產生這種結果的原因，某公司副總裁認為，企業的信任度與體制其實沒有必然聯繫，而是與企業老闆的管理風格和管理水準決定的：「很多時候，恰恰是企業高層管理者決策的不確定性影響了人們的信任度」。

2　基層員工的信任度明顯高於中高層專業人員，中階專業人員表現最為明顯。人力資源專家分析認為，這可能是由專業人員的工作性質決定的，專業人員作為知識型員工，卻往往有更強的自我需求，對企業的期望值也會更高，如果期望與得到的落差較大，也會影響對企業的信任度。

某企業副總裁主張從員工自身找原因，他認為信任是一種能力，而不是一種技巧或施捨，如果某一層次的人員整體對各方面的信任指數都比較低，說明並不是企業本身出了什麼問題，而是反映出這個層次的人員可能需要提高信任別人的能力。

3　員工對上司的不信任指數明顯高於對企業高層管理者。專家認為，員工的不信任可能是由於他有更多的資訊和機會來評判直屬的上司，同時每一個下屬在企業中都有不同的需要和職業規劃，而上司往往更直接掌握著利益的分配和工作機會的安排，中間出現矛盾和衝突的可能性也就越大。

對這個現象，原因是與企業對領導者的選拔有關係，很多時候，尤其是企業在選拔領導者時往往重視專業技能和經驗，因為他們能比較快的給企業帶來業績，而真正的管理者是需要具備較強的領導力的。

信任是企業內部的「潤滑劑」，它既能消除來自組織內部衝突的內耗，同時也能夠達到促進組織更加有效運轉的作用。當員工缺乏對管理者的信任時會將更多的個人資源、精力投入到對管理者行為的揣測、觀察上，以避免對自己利益造成不利影響；相反，當員工對管理者信任時，會將更多的個人資源、精力投入於可以為組織帶來收益的工作中。因此，組織中員工對管理者信任的缺乏，會極大提高組織的監督及運行成本。

信任是提高企業凝聚力的「膠合劑」，能促進上下級人際溝通更順暢，員工更容易認同組織目標，進而增強組織的競爭力。那些能夠更多獲得員工信任的管理者在推行公司策略和組織變革政策時，會遇到相對較少的阻力。

信任是建立員工與領導者之間和諧關係的基礎。員工對管理者是否信任會引發員工不同指向的組織公民行為。當員工信任管理者時，會單方面做出有利於管理者的組織公民行為；更願意接受領導者分配的任務，並對任務完成的數量和品質指標有更高水準的承諾。由於儒家文化的影響，員工對管理者的這種信任會發展成對管理者的忠誠。

企業如何提高員工信任度？我們知道，信任通常分成三類：基於威懾的信任，基於經驗的信任，基於鑒定的信任。企業內部的信任多是基於經驗的信任。具體到一個企業內的信任，提高信任度，無論對企業、企業制度還是企業管理者而言，重要的是加強內部的溝通和交流。公司為加強內部溝通交流，要大膽進行嘗試。更要進一步加大內部橫縱向溝通交流力度，形成內部溝通的長效機制，在延續以往溝通交流方式的基礎上，推出許多新措施：一方面，繼續堅持經理辦公會制度，同時開闢了為下屬各公司提供溝通平台的二級公司領導者碰頭會以及機關各部門的溝通協調會，促進了內部溝通交流；另一方面，加強各專案之間的學習交流，除了組織到青年公寓的這類參觀學習之外，主要透過繼續深化「一托N」管理模式，來加強內部的學習交流，資源互補。各部門之間加強了人員流動、資源分享、管理互助，較之原來，專案與專案之間的溝通明顯加強，優勢得到了鞏固，資源利用也得到了最大化。

要做到完善的溝通，首先需要分析影響信任的主要原因。譬如在僱傭政策方面，企業為了用工有彈性，普遍縮短了跟員工簽訂的合約期，並且對員工離職的補償也比過去減少了很多。雖然補充的部分是用在了離職員工的身上，但在職的員工卻由此會有自己的看法和感受。對企業而言，這就要求企業必須像量販店一樣力求獲得多次博弈的機會，而不要像小商小販一樣追求短期行為。這種信任的累積則需要有一個良好的、連續的制度和環境。

一個良好的制度環境尤為重要。淘汰不給企業創造價值或者價值很小的員工是企業必須採取的一種方式，但企業必須要做到有一個非常明確的評估體系，這樣才能保證企業即使在不斷換血的情況下還有人願意繼續加入到這個團體中來。

企業內部信任度有多高

由某網路對幾千名在職人士進行了問卷調查，其中百分之三十八的被調查者對企業的總體信任程度比較低；百分之五十二的人並不認同企業的政策與制度；百分之三十九的人對企業高層管理者持懷疑態度；百分之五十的人認為直屬老闆不值得信任。這樣的數字，如果具有代表性的話，的確是一個很驚人的結果，反映出問題已經很嚴重了。這種低信任度，短期會影響工作效率，增加交流成本，長期則可能會影響企業的發展壯大，進而影響經濟的發展。

信任是員工對上司行為產生的依賴，或領導者願意相信員工。企業內部的信任能夠給上下級關係帶來多種積極影響。企業內部信任一般包括員工與管理者之間的垂直信任及員工之間的水平信任。而影響信任和信任發展的因素，包括員工對企業發展前景的判斷，企業文化和目標是否和員工自我價值的追求一致；員工對管理者設計出的酬勞和管理制度的認可程度；員工對領導者品行和能力的接受程度；員工與企業提供的環境是否和諧共處等。

張小姐在一家成立了只有一年多的菸酒銷售公司任職。每週的例會老闆都要和公司全體員工一起握拳宣誓勵志標語，場面很是感人。但隨著對公司的日益了解，目睹了競爭的殘酷，再面對由老闆勾勒的大好前景時，這樣的強心劑對她再也達不到作用了，她失去了對公司的歸屬感，「當一天和尚撞一天鐘唄！等到哪天實在不想再在這待了就走人了」。

領導者的能力是影響可信度的重要因素。但領導者對員工與員工對領導者所要求的能力類型是不同的。許多組織行為的研究指出，可信度的高低與個體執行特定工作的能力息息相關。因此，對管理者而言，雖然擁有當然的權威、地位、控制權等，但仍需依賴下屬的專業技能來完成工作任務，實現組織目標，所以員工的專業技能是獲得管理者信任的重要條件。而員工信賴的是管理者的管理才能，如人際溝通能力、組織團隊能力、激勵能力、應變能力、決策能力、用人能力及有效調配資源、處理人事糾紛的能力等。因此，管理者獲得員工信任的能力主要是管理能力。

領導者的人品是影響信任度的又一個關鍵之處。由於受傳統文化與社會結構的影響，管理者在企業中擁有絕對的權力和大量的資源，處於家長地位，在某種程度上決定著員工的命運，如升遷、福利等。而員工擁有較少的資源與權力，處於被動地位，只能履行服從權威的義務。因此，對管理者而言，員工的忠誠、順從、聽話就顯得格外重要；對員工而言，管理者的正直、公正、仁厚最為關鍵。管理者制定政策、制度時的「人本思想」與「公平保障」對員工的工作滿意度及組織承諾有重要影響。另外員工對管理者的人品要求具有私德性，只要求老闆「對我好」就行了，對別人好不好並不重要。因此，管理者獲得員工信任的人品主要是正直、公正、仁厚、對「我」好。

對有些人來說，能力與人品之間不具有對等性，換句話說，人品好的人不一定是能力強的人，反之亦然。對領導者而言，每天的首要職責是保證組織目標的實現，員工的能力重於人品。對員工而言，個人職業發展與福利待遇是他們最為關注的問題，管理者制定政策與組織制度時是否正直、公正、仁厚對員工個人利益有著至關重要的作用，因此，在管理者的人品與能力上，員工更看重老闆的人品。

導致員工對企業的忠誠度大大降低往往是因為沒有歸屬感。某機構曾在網上做過企業員工對企業忠誠度的調查結果顯示：有百分之五十六點五十九的員工不為現在所在的公司而自豪，有百分之四十二點三十一的人表示，一旦有更高的薪水、更好的機會或更感興趣的工作隨時都「打算離開公司」。

領導者經驗是影響上下級信任的主要因素。因為信任是在雙方交往過程中形成的，這為人們提供了評估對方能力、人品等有用資訊的機會，成為判斷別人可信度的基礎。儘管交往雙方處在同一時空條件下，但由於地位與角色不同，上下級交往與一般人際交往是不同的。其中，某些員工只面對個別管理者的可信度感知較細、較準確；而管理者所面對的員工數量較多，可信度感不細緻，只對個別員工的能力、人品有鮮明印象。在這種交往不對等的情況下，企業重視交流與溝通，因為員工期待管理者能主動與下級交往，這才能正確評價員工的才能與人品。因此，獲得員工信任的主要因素是管理者的主動性。另外，企業的政策與制度也往往是影響員工信任度的一個重要因素。

趙先生是一家醫療儀器企業的銷售人員。自己作為銷售人員，每天的辛苦不說，還要時常承受公司各種苛刻條件下被扣獎金的壓力和風險，公司中人浮於事的現象令他十分不滿，更讓他氣憤的是在公司「做的不如看的」，而管理人員不但基礎薪資拿得高，而且獎金旱澇保收，「你說這樣的制度能讓人信服嗎？」他憤憤的對朋友說。

像趙先生這樣認為企業制定的各項制度和政策並不十分「合情合理」的比例竟高達百分之六十四點六十。我們認為，無論企業還是它的相關制度，如果要得到員工認同，首先要保證公正，其中包括「分配的公正，即分配的標準是什麼，員工所得是否真正代表了其所做的貢獻，成員間的差距是否合理；其次就是程序的公正，包括制度建立的基礎是什麼，員工的參與程度如何，有沒有回饋機制；第三個是互動要公正，包括執行中對員工是否尊重等」。

有人問：最影響員工對領導者的信任度的三個因素是什麼。答是工作成效、個人品德、團體維繫，員工對領導者個人品德的關注程度要高於領導者的工作能力。某機構對企業內部信任度調查也顯示，在對企業高層領導者能力和品德的信任度調查中，對「領導者是否真誠、是否受人尊敬」比較重視的比例是百分之三十三點五，比對領導者能力引發的信任度百分之二十八點二要高得多。

企業要增強員工對企業領導者的信任，進而增進組織競爭力、提高組織效能、和諧員工與者之間的關係，所採取的措施必須考慮人品、交往經驗、能力這三大影響因素。其中，人品居於最重要的地位，而員工對企業領導者人品的感知途徑主要透過企業管理模式及績效考核系統，看它們是否能夠體現人性、公平與客觀。因此，企業可以採取「以人為本」的管理模式提高員工對管理者的信任度。

信任的危機

企業在提高員工對管理者的信任度方面，管理者正直、公正、仁厚的人品體現在「以人為本」的管理模式中，即以人權為基礎，從人的特性出發，一切制度、政策要考慮人情，體現人性，遵循人的發展階段，尊重人權，重視人的需要。

需要層次理論表明，員工內在需要的層次性決定其行為的層次性及多樣性，你要不斷滿足員工的合理需要，才能實現企業的組織目標。首先，靠政策滿足他們的最基本需要。企業老闆必須制定相關政策努力幫助員工解決好某些實際問題。其次，靠真情滿足員工社交需要。管理者必須注重和員工的情感溝通，深入員工工作和生活實際，真正關心員工，使每個員工都有歸屬感。最後，靠事業滿足員工願望和自我實現的需要。當員工的基本需要得到滿足之後，他們更看重精神上的尊嚴和自我價值的實現。為此，企業管理者必須善於「知人善用」，以保證員工高層需要的滿足。

管理學教授費爾南多．巴托洛梅寫了一篇文章，標題是《沒有人完全信任老闆，怎麼辦？》，巴托洛梅教授在文章中指出：

1　對企業老闆而言，抓住問題是最關鍵的，而找出會使你頭疼的問題的最好方式是讓你的下屬告訴你。這取決於信任，但這有嚴格的內在的局限性。在需要信任的時候，大部分人傾向於選擇沉默，自我保護，而權力鬥爭也妨礙了坦誠。

2　企業老闆必須認真培育信任，應該利用一切可以利用的機會，增進下屬的信任感。同時要注意對信任培育而言極其關鍵的六個方面：溝通、支援、尊重、公平、可預期性及勝任工作的能力。

3 企業老闆還必須注意麻煩要出現時所顯露出的蛛絲馬跡，比如資訊量減少、士氣低落、稜模稜兩可的資訊、非語言的信號以及外部信號等。必須建立一個以適當使用、傳播及創造資訊為基礎的交流網。

第二章　專權的老闆是失敗的老闆

獨斷專行表面上看是領導者的強大，實際上是弱智無能的體現。平心而論，是哪些領導者喜歡獨斷專行，聽不進別人的意見呢？恰恰不是辦事幹練、富有智慧的強者，而是那些把權力看作高於一切的企業領導者，也恰恰是這些人把企業推進信任危機的漩渦。

與獨斷專行為伍

所謂專權型領導是指領導者個人決定一切，吩咐下屬執行，即靠權力和命令讓人服從。這種領導者要求下屬絕對服從，並認為決策是自己一個人的事情。專權型領導者具有以下幾個特點：一是獨斷專行，從不考慮別人意見，所有的決策都由領導者自己決定；二是不告訴下級任何消息，下級沒有任何參與決策的機會，而只能察言觀色，奉命行事；三是主要依靠行政命令、訓斥和懲罰、紀律約束進行管理，很少獎勵。專制的領導者與別人談話時，有百分之六十的內容是採取命令和指示的口吻；四是專制領導者安排一切工作的程序和方法，下級只能服從；五是領導者很少參加群體的社會活動，與下級保持相當的心理距離。

當然，這類專權領導者有他的優點也有缺點，他們的優點是決策制定與執行的速度很快。缺點是下屬的依賴性大，容易抑制下屬的創造性，領導者的負擔較重。領導者與員工之間都會存在著互相設防、互不信任的事情。如何消除這些陋習，建立相互信任、相互協作的優良團隊，是公司管理者應該認真考慮的首要問題！如果產生了信任危機，那也是因為企業老闆與獨斷專行為伍的結果。

凡是善於做大事的人一般都能胸懷大志，廣納賢才，都不願意獨斷專行，而總會廣納良言，尊重夥伴，不斷徵求別人的意見，盡可能把事情做得完美，尤其懂得關心愛護下屬，營造寬鬆和諧與人合作處事的氛圍。這是古往今來卓越領袖人物一種普遍的特性。而外表貌似強大的獨斷專行企業領導者，實際上是弱智無能的體現。因為一個弱者的顯著特徵就是見識不廣、心胸不寬，

與獨斷專行為伍

或腹中空空、眼高手低、不聽別人意見和建議，聽不得不同聲音。這樣的領導者就是企業為什麼產生信任危機的最好答案。

例如：三國時的劉備為報東吳殺害關羽之仇，不顧諸葛亮、趙雲等人勸阻，率領數十萬大軍順江東下奪峽口、攻秭歸、屯兵夷陵、夾江東西兩岸。第二年二月，劉備率諸將從巫峽起，連營紮寨七百里直抵猇亭。東吳孫權為抵抗劉備，任命宜都太守陸遜為大都督。陸遜採用避敵鋒芒、靜觀其變的策略，半年時間不與蜀軍正面交鋒。蜀吳大軍在猇亭相持達七、八月之久，蜀軍兵疲、意志沮喪，為避暑熱將營寨移至山林之中，又將水軍撤至岸上，採取「舍船就步，處處結營」。陸遜抓住戰機，命將士持茅草點燃蜀軍營寨，火燒蜀軍連營七百餘里。蜀軍土崩瓦解，死傷數萬。

劉備帶領殘兵敗將，退到馬鞍山，又突出重圍，倉皇逃到白帝城，這就是歷史上有名的「夷陵之戰」。蜀漢元氣從此大傷，再也無力問鼎中原。實際上，「夷陵之戰」最主要的原因這就是劉備獨斷專行導致了決策性的錯誤，對於蜀國的打擊是致命的，等於親手葬送了幾十年無數人辛苦打下來的蜀國基業，以至於後來的諸葛亮六出祁山打著「克復中原，光復漢室」的旗號，在傷了國家根本後再也難以從願。

無論一個組織、一個團隊、一個企業，作為領導者，當權利達到一定頂峰後，極易犯獨斷專行的錯誤。因為所處的位置和權力慾的膨脹，一個人說了算。然而，凡喜歡獨斷專行的人，一是沒有不犯錯誤的，二是能成就大事者不多，三是往往失去下屬和群眾的信任。

老闆在企業中打著「強權領導力」旗幟的大有人在，他們實施的其實就是獨裁性領導。據說某著名公司總裁不但事必躬親給人一種壓迫感，處世方式更是專制獨斷，所以員工用「沙皇」來形容他獨裁性的領導風格。某公司老闆在檢討自己失敗教訓時就表示，原來公司董事會是空的，決策就是由自己一個人說了算，並告誡別人，決策權過度集中危險很大，不但失去信任還會使企業遭受到滅頂之災。其實他們是希望有一個充滿戰鬥熱情的團隊，但是天不遂人願，他們把工作方式歸納為「弱管理、強領導力」。

企業內部信任危機對企業生存發展的破壞，更是難以估量的，根除企業內部信任危機，不斷提高企業執行能力，是老闆們目前最主要議題，也是企業提高核心競爭力的重要手段。如何讓自己的個人主義和獨斷專行不要傷害你融入的團隊，傷害你為之願意付出一切的團隊，是企業老闆在迎接新的競爭時代時刻要反省的大事。企業領導者要擺正自己的位置，明確自己的職責。既然在一個團隊組織或企業中是大多數人的事業，就需要尊重多數人的意願，與多數人合作的主要方法是依靠他們的智慧，集中他們的建議，引導他們淋漓盡致的發揮各自的積極性，才能把屬於多數人的事業做好。僅靠老闆一個人，或僅靠極少數人去做事，是不能出色的做好事業的。可以說，如果一個企業的領導者長期不願意聽取別人的意見和建議，不接近下屬或基層，這就是獨斷專行的表現，只要你的重大決策得不到充分的論證，勢必會造成短視並失去有用之才，最後是讓公司失去良好的發展機會。

獨斷專行不可為，它會侵吞企業領導者的靈魂，進而給企業造成巨大損失。一個企業裡的管理者議論起老闆來就用「獨斷專行」來形容。沒有一個說他是能廣納建議的人。他從來聽不進去別人的建議。自己想怎樣做就怎樣做，別人說了也是等於白說。由於他不懂對鍋爐的安裝，但是卻又「好為人師」。讓安裝的都要聽他指揮和安排。最後由於他設計的鍋爐安裝路線不正確，導致流通不暢。最後的結果是重新買鍋爐。那次損失了一百多萬。但還是改變不了他，還是都要他說了算。

無論對企業老闆還是企業高層來說，獨斷專行不僅容易孤立自己，還會失去下屬的信任，造成企業內部信任危機，既影響工作又影響身體，很可能大業未成提前喪命。因為既然你是個喜歡獨斷專行者，就不會有更多的人願意與你合作共事的。在獨斷專行的老闆手下工作，其艱難可想而知，難相處不說，有時還傷感情，讓人覺得實在沒有興趣。所以，那些獨斷專行的企業老闆們雖然整天廢寢忘食夜不能寐，但由於失去了員工的信任，做不出顯耀的業績來，稀鬆平常，終究愧對自己、企業和員工。

信任不足的困擾

我們說，信任可分為一般信任與特殊信任。一般信任是指對大多數人的信任，而特殊信任是指對有共同經歷、相互熟悉或自己人的信任。而一般信任作為主要因素構成了企業的社會資本，即在企業中由人與人之間相互信任而產生的一種力量。

在企業，尤其是在家族企業中，存在著對「自己人」有超級信任，因此，企業的組織成本、交易費用往往低得出奇。但是這種對「外人」的信任不足將會嚴重困擾著企業的發展。

究其原因有五：一是對「外人」的低信任縮小了合理引進人員的範圍，不利於企業素養的提高；二是對「外人」的低信任，使企業在人員選拔上難以做到任人唯賢；三是對「外人」的低信任，往往使經營者大權獨攬，獨斷專行，盲目自信，身邊也無「左膀右臂」，經常「救急於水火」，難免顧此失彼；四是對「外人」的低信任，往往導致「自己人」不思進取，缺乏創新和憂患意識，對危機尤其是對潛在危機缺乏敏銳性和預見性，或者是由於忙於日常事務難以進取，對危機視而不見；五是在企業發展到一定程度時，對「外人」的低信任，會導致「自己人」爭權奪利導致企業分化，「信任圈」越來越小，難以形成規模效應。這就是領導專權的結果。

任何公司若想要成功，關鍵在於最高層領導者是否能分享權力。企業高層必須把重點放在整個組織的發展上，而非個人權力的擴張。當公司趨向成熟，組織應該變為一個蜘蛛網狀，您應該隱在這個網狀系統中，成為靈魂人物。雖然弱化了自己卻成就了組織的強大，贏得了下屬的信任。如保才能有效避免或杜絕獨斷專行呢？應當從以下五點做起：

1　善待員工贏得信任

企業領導者要善待員工，更要容忍員工有時做事出點小差錯，如果領導者不能忍受員工的無效率與錯誤，員工每做到一半，領導者就失去信心而親力親為，員工永遠不能獨當一面。

我們知道，高績效是團隊成員高度協同的結果，而協同的根本在於大家能夠相互信任和理解，信任則建立在誠實和正直之上。事實上，誰都希望自己置身於一個值得信任和公平、公正的團隊之中。誰也不希望與一些不講信用的人一起工作。在取得成功的團隊之中，幾乎所有的成員都是值得信賴的，他們能夠按照計畫完成自己分內的工作，同時嚴格要求自己履行每一個承諾。

但是在另一些團隊之中，誠信和正直往往被遺棄，幾乎所有的人都言行不一致，同時也不值得去信賴。更為糟糕的是，他們往往會在團隊內部搬弄是非。這樣的團隊結局可想而知。

信任和正直不僅是打造高績效團隊的基礎，誰丟掉了它們，誰終將為人們所擯棄。畢竟大家心裡都希望有個舞台展現自己的才華，有這樣的機會自然珍惜，企業和領導者想員工之所想，善待員工的舉措自然也會得到員工的報答，也就等於贏得了員工的信任。

2　明晰企業領導職責

企業領導者如果不想對企業造成危害，必須不獨斷專行。企業領導者除了要負起公司營運的成敗，更要犧牲自己、照顧夥伴，並且讓衝突減到最低。在企業改造過程中，領導者要提出創新思考，並將原本概念模糊的新策略具體化，在內部溝通、形成共識，然後明確宣示行動，其他員工則扮演將策略傳承、執行與放大的角色，環環相扣，都非常重要。

優秀的企業來自於積極有效的溝通，團隊績效之中，幾乎所有的失敗都與溝通有關。很多團隊因為溝通不良，導致內部信任不足，爭執不休，最終錯過良好的市場機遇；也有一些團隊因為始終沒能取得一致的方向和目標而碌碌無為。類似的情況依然在很多團隊之中發生。溝通主要包括兩個方面：積極主動表達和耐心細心的傾聽。高績效團隊之中，成員們總是能夠做到這兩點。他們在獲得一個實施目標的方法之後，總是會主動與團隊中的其他成員進行溝通，而其他人會以一種耐心而客觀的態度傾聽，一旦發現這是一種有益的方式時，所有的人都會全力投入到其中。

人與人之間最有價值和意義的事便是溝通，如果沒有了溝通，任何目標都無法實現。

3 讓每個人都做管理者

南茜希望成為公司的第一個女副總裁。過去的工作經歷證明了她的確有這樣的潛力。作為職業發展的一部分，南茜被指派為一下屬工廠的經理助理，去學習生產部門的業務。

該工廠經理哈樂德並不對他的新助理表示歡迎，因為他不相信女人能適應艱苦的生產線工作環境。南茜表示她希望透過授權來發展員工，但哈樂德擔心她這樣做會煽動起工人的情緒，擾亂整個工廠的營運。然而，只要他能夠控制否決權，他並不介意讓南茜著手制定授權計畫。於是，南茜和哈樂德一起討論她的授權計畫。她告訴哈樂德，她打算讓傑瑞負責月度生產報告。哈樂德對此提出異議。

「我剛來的時候傑瑞確實是不懂電腦，但他現在不同了！我和他談過，他說他非常喜愛電腦，但從來沒有機會去學習電腦。他說他要是學會操作電腦的話，他可以負責生產報告。於是我們安排他去參加了一個電腦培訓課程，他對此非常感興趣。他說這份工作一點都不煩悶，他每天非常急切想投入到工作裡面去。」

哈樂德由此同意了有關傑瑞的計畫。南茜接著談起了有關蘇的計畫。她安排蘇去負責和檢驗局一起舉行的季度會議。南茜了解到蘇是一位優秀的演講人才。而蘇以前的上司從來不願意去了解她的這些特殊能力，也從來沒有安排她參加重要的談判任務。蘇對這項新任務很熱心，希望能獲得任命。

哈樂德同意了南茜對傑瑞和蘇的授權計畫。「我很高興，南茜。」他說，「我原以為你的授權計畫將擾亂工廠營運，但你證明了什麼是透過授權來發展員工。」

對員工的這些需求，為什麼哈樂德沒有意識到？關鍵在於，他沒有認知到員工們的傾聽需要。

管理者要想更有效授權，就應該了解自己的員工，了解他們的種種需求，而達到這一目的有效途徑，就是認真去傾聽員工。注重傾聽員工心聲的管理者，會自然而然縮小與員工的心理距離，從情感上贏得員工。

4　企業領導者管理權要下放

在領導過程中，員工的因素是最積極和最活躍的因素，無論是領導者還是被領導者都有著自己的意志。領導者往往做出決策，頒布命令，忘記被領導者有著自己的意志和思維，忽視被領導者的自主性並且有可能與領導者的意志產生矛盾，輕視了落實決策這一重要的領導環節。

在領導活動中，被領導者是領導者工作的延伸，是領導者意志的體現，因此，領導過程中，貫徹領導者的意志是解決領導者與被領導者目標的一致性和矛盾統一性的本質所在。現在有的領導者在領導過程中往往強調領導者的身分，高高在上、讓被領導者望而生畏，也不參與細節管理，卻又對下屬的工作指手畫腳，最終脫離被領導者；與此同時，被領導者也不能有效領會領導者的意圖，從而產生消極怠工、工作不盡心盡力、團隊不團結等現象，使得領導者與被領導者產生對立。這些現象嚴重時可能影響到組織的效益，甚至能威脅到組織的存在，使領導行為走向失敗。領導者意志的貫徹離不開對細節的參與，對細節的參與可以讓被領導者充分體會領導者的價值觀和意志。

企業管理的最主要任務是透過各種機械化提高效率。可以說，企業管理的目標是將各種資源做最優配置以獲得最佳經濟效益，這裡最關鍵的要素是確立合理性、科學性。因此，企業老闆要明白，現代企業中的管理者，並非只是那些處於組織架構圖節點上、或名義上的領導。事實上，管理已不是少數人的權利，而是大多數企業工作者的基本技能。做好企業管理，就要放權給大多數員工，而不是緊抓在自己的手裡！

5　建立權力制度約束機制

避免企業領導者的獨斷專行，企業還應該建立有效的約束機制。對企業各級管理者和領導者的民主監督必不可少，誰獨裁誰受罰！只有大家都去遵守，在共同的經營與管理理念之下去實現共同的組織目標，創造一個共結夥伴的基本環境，在共同利益的驅動之下，才有時時壓低風險、積極掌握機會的意願。

總而言之，不論是塑造授權與負責任的組織文化、落實培養接班人的升遷制度，或是營造權力下放的環境，都是在營造企業相互信任的良好經營管理氛圍。企業踏出堅實的每一個腳步，都是為走長遠的發展而設想，也會因為既民主又集中，使企業利益形成長期化、最大化和持續化。

指手畫腳直接指揮下屬

春秋時，魯國有個叫陽虎的人經常說：「君主如果聖明，當臣子的就會盡心效忠，不敢有二心；君主若是昏庸，臣子就敷衍應酬，甚至心懷鬼胎，表面上唯唯諾諾，卻在暗中欺君而謀私利。」陽虎這番話觸怒了魯王，因此被驅逐出境。他跑到齊國，齊王對他不感興趣，他又逃到趙國，趙王十分賞識他的才能，拜他為相。近臣向趙王勸諫說：「聽說陽虎私心頗重，怎能用這種人管理朝政？」趙王答道：「陽虎或許會尋機謀私，但我會小心監視，防止他這樣做，只要我擁有不至於被臣子篡權的力量，他豈能得遂所願？」趙王在一定程度上控制著陽虎，終使趙國威震四方，稱霸於諸侯。

啟示是：越是善於使用自己手腳的人，越不喜歡別人對他指手畫腳。

真正的領導者不一定自己能力有多強，只要懂信任，懂放權，懂珍惜，就能團結比自己更強的力量，從而提升自己的身價。

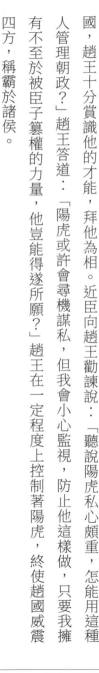

有些企業老闆在給下屬分配工作時不但指明工作方向，還事無鉅細一定要親力而為。這看似心慈善目，實際上呢？卻讓你覺得自己被架空了一樣，完全不知如何是好。你成了職場中的被「溺愛嬰兒」，長久下去變成了職場草莓族。這樣的老闆們總是精力旺盛，永遠一天恨不得工作二十五個小時。一會他要挑燈夜戰，一會他要親自修改你的計畫草案上的一個微小的標點符號。總之，他們是那種工作狂人，你會懷疑他小時候該不是吃了什麼大補藥品，好像永遠不知道勞累。

對於一名領導者，最重要的是讓組織成員感到被尊重，因此獲得組織成員的信任。什麼是領導？領導就是帶領大家齊心協力去努力實現組織目標的人。作為領導者，你憑什麼去帶領大家？憑的就是大家對你的信任，而不是其他的什麼東西。在一次有關領導藝術的國際研討會上，有人曾問過世界上第一個取得領導學教授席位的約翰·艾德爾先生一個問題：怎樣才能成為一個優秀的領導者？對於這樣一個寬泛的問題，大家都覺得很難回答。可是，睿智的艾德爾先生的回答卻使得當場的每個人都受到了震撼，那就是取得信任。確實是這樣，無論你的領導藝術多麼高超，領導手段多麼有力，其實最終的目的都是為了得到大家的信任。如果大家信任你，那麼他們就會死心塌地跟著你，玩命去做，這樣往往會收到意料不到的效果，完成一些被認為是不可能完成的任務；如果大家不信任你，那麼，要麼走人，要麼對你虛與委蛇，應付了事，當然很多應該完成的事情，由於大家的不努力也反而會完不成。

許多能力強的老闆卻因為事必躬親，什麼事都管，什麼事都做，沒有鉅細之分。什麼人都不如自己，最後只能做最好的公關人員，銷售代表，成不了優秀的領導者。這樣的領導者雖說十分負責任，但是這種責任感心太寬卻會讓其他的人感到不舒服。

某公司的銷售員鄭先生說：「我對我們老闆的看法很多，只是沒有機會講，在同事間議論很怕明天就傳到他耳朵裡，不是我說的都歸入了我的帳內。總體來講，他是個很能幹的人，對企業對員工都很負責，做事也很心細，面面俱到，但時間長了，我們這些業務員都有了意見，正因為他太勞心，所以每個人所做的他都會來過問一遍，弄得每個人都無法滿意，自己對自己所做的事都沒了信心，把我們的創造力都無形的剝奪了。我們都感到很悲哀。」

事必躬親的唯一好處也許就在於讓人敬佩領導者的責任心，但其弊端就太多了，主要有以下幾點：

使下屬的智慧與潛力得不到充分的發揮，因為本來屬於下分內的事，領導者代勞了，自己就不用花什麼心思了，而且自己想要用其他的做法還不行，這就阻礙了下屬的創新意識。領導者事必躬親占用了自己的大量時間與精力，不利於自己集中力量對組織的全面性工作做深思熟慮的思

指手畫腳直接指揮下屬

考，結果可能抓了很多芝麻卻丟了西瓜。領導者在組織中發揮應該是腦的作用，而不是手的作用。事必躬親讓下屬產生一種不良的依賴習慣，什麼事都想等領導者親自來解決，從領導者自己事必躬親下屬要你樣樣都管，你想不管都不行了。

領導者事必躬親會使一些下屬產生厭惡的情緒。例如：下屬之間發生矛盾，本來可以自己解決，領導者自認為應該出面進行干涉，在不了解的情況下，可能會做出不公正的判斷，使遭到不公平待遇的下屬產生信任危機，工作積極性大減。

在這方面，迪士尼公司CEO麥可．艾斯納依然是最典型的事必躬親的人物。不容置疑，艾斯納曾經帶領迪士尼公司創造了傳奇般的成長，他使迪士尼公司成為了舉世矚目的媒體巨人，因而他也成為了迪士尼公司第二個靈魂人物。後來，情形變得不妙，他被指責為好管閒事的「微型管理者」，且脾氣暴躁，無法留住人才，導致迪士尼公司經營狀況下滑。

企業老闆往往無法脫離戰術層面，這既有規模、實力、傳統等原因，也有偏好、習慣等原因——許多老闆，公司已經到比較大規模了，還在「兼任」銷售經理、採購經理、人事經理，甚至直接在做出納的工作，這時，因為缺乏責任、監督與考核，他們就理所應當地要犯戰術的錯誤並承擔戰術錯誤的責任了。再者，即使是在決策過程非常合理的情況下，因為決策工具使用的緣故而導致錯誤，也還是屬於戰術錯誤的。

艾斯納有著自己鮮明的管理特點，也許他是一個富於創造力和總是精力充沛的總裁。你很難想像美國線上時代華納的傑瑞．萊文會隨意改動《哈利．波特》的結尾，或維亞康姆的雷石東決定在哥倫比亞廣播公司播映什麼節目。但艾斯納卻與眾不同，他事必躬親，親自閱讀劇本，參加每週的例會，時刻關注美國廣播公司的動態。在飯店設計中他甚至親自挑選家具，「我和每一個油漆工、設計師都探討過。我看了建築師的四個設計方案，但它們看上去摩洛哥風格太濃，有些則是非洲的老一套。」這是他的一貫做法。但是，如果公司不能給有能力和才華的人以權力和自主，那麼它如何能吸引和留住這些精英們為之工作呢？很多人正是因為艾斯納的存在而感到生不逢時，轉投其他公司門下。「人們對放馬後炮和被打壓已經感到厭倦」，一位原製片廠主管如是說。其實，艾斯納的這種做事風格是很悲哀的。

優秀的領導者一定是懂得如何充分授權的領導：只有給內部中階主管充分的授權，才能不斷提升自己團隊的整體能力，才能不斷的提升自己所在企業的綜合競爭力。領導者應該做什麼？哈佛商學院的領導學教授約翰·科特曾經有過總結，他認為，領導者應該：首先是確立方向、計畫和預算；其次是結盟、組織和配備人員；再次是激勵他人與控制和解決問題；最後是創建領導文化。

優秀的領導者是創造培養領導一個成功的團隊；優秀的領導者不是自身有多優秀，而是自己所領導的團隊的優秀程度；優秀的領導者不是指手畫腳直接指揮下屬，而是創造一個和諧向上的氛圍，以及施行錦上添花的技巧，去領導和影響團隊，善用組織團隊！

老闆也有病

看看現在的企業，有幾個是進入世界五百強的？又有幾家是有名的？總而言之一句話：就是企業老闆身上有問題，也就是說老闆有許多不該有的毛病。對企業老闆急躁的毛病做一個簡單的分析：

淡季資遣

有一些中小企業一到淡季就開始資遣，資遣就要傷人，較惡劣的甚至把員工的行李丟到桌上，而且老闆親自說：要告就告，我不怕。公司的人力資源經理三～六個月換一個，因為老闆認為能力不夠，招不來人，一到旺季就陷入人力匱乏的困境。新的人力資源經理剛剛到任就知道原來企業管理這麼亂，下面的人不會去聽他的，因為大家還不知道他什麼時候離開，這就更加劇了管理者的流失。中小企業流失最快的就是人力資源主管、經理。

旺季：趕貨急

許多老闆認為，不論能否做出來，都先簽訂下來再說，一年只有這樣一段旺季。出不來貨不行，老闆說了，旺季就是要打仗的，就是要死人的。因此，大量徵人拼命加班，甚至不惜高價都要把貨趕出來。結果事故頻生，但是老闆根本不管。

產品直通率直線下降。老闆可是真的著急。一個循環出現了：越忙越賠錢，不忙還不虧。老闆氣死，身體拖垮，錢沒賺到。

開會罵人

一旦開會就是罵人會，從副總到主管，各個都是低著頭等著罵，因為罵完就代表開完會了。更有甚者，主動承擔錯誤，但是承擔完就完了，沒有處罰，沒有後續完善制度和流程，沒有如何杜絕類似時間的機制和會議決議，只是罵人會，檢討會，和挨罵會。因此企業的例會很像追悼會，每個人裝作痛苦不堪。實際上一出來躲到辦公室裡，各個笑的臉上一朵花，他們講：老闆像頭瘋狗，逮誰咬誰。

出錯罰款

經理為了裝作好人不去罰款，或者裝作看不見。老闆一怒之下親自上陣，一罰就是好幾百元，罰到員工傷心，心中仇恨。罰款後又不講明情況，可能罰款標準又不統一。有的沒罰，有的小額罰款。有的就是倒楣，碰到老闆。因此，見到老闆進生產線，大家就當見閻王。這樣的老闆有凝聚力嗎？這樣的團隊有戰鬥力嗎？

老闆永遠也會不知道，被罰款的員工在加班的時候，可以故意正常報廢你的原材料，你罰款一百元我就破壞你三百元的原材料，看誰吃虧？員工有的寧可不要薪資都要離開企業，好像離開一個火坑。多麼的恐怖的現象。企業的流失率高達三十~百分之四十，老闆還告訴我很正常，因為行業都是如此，可見企業是多麼的不重視人力資源建設，關鍵是看不到錢是可以在員工流失率上賺到百分之二十以上的利潤。更看不到員工故意破壞的產品廢品有多少，如果能省下來，可能又是百分之二十的利潤。

薪資不著急

在罰款上很著急，但是在發薪資上一點都不著急。老闆答應每個月的薪資，是下個月的五日發，但是企業經營了六年了，從來就是沒有一次是五日發薪資的。能夠在月底或者月初十號前發就不錯了。但是沒有一個員工有意見，可是，只能在暗地裡叫罵。在心裡罵「天下烏鴉一般黑，這裡的老闆更加黑」。如果一個企業在薪資上沒有信譽，你能夠相信這是個有品牌，能生產出高品質產品的公司嗎？你相信這個企業有未來嗎？做品牌從正常發薪資開始。做團隊從這件事開始。做凝聚力，從這件事開始。想要做好，一點不難。

管理專權

一個企業有很多的管理者，各行其政，各司其職。但是，有些企業確實特怪：公司上下只有一枝筆，那就是老闆。沒有老闆簽字，一個東西都拿不出大門。企業有兩百人時，老闆就常跑生產線。到兩千五百人時，他還在繼續跑生產線。一天下來，跑的全身的骨頭都是酸的，他說他現在肝不好，心臟不好，胃不好，腎不好，腿不好，休息不好，飲食不好——那都是自找的，如果該罵就罵自己。因為企業做大了必須是各司其責，各行其政，如果只是一個人玩，那不是自己玩自己是什麼？少部分劣質中小企業的一個最大的毛病就是：老闆不相信人，不授權給人，那就累自己。我們把這樣的團隊叫一頭雄獅帶領一群羊的企業。老闆是超人，員工是機器人、工具。根源是老闆既不想分權，跟不想分錢給別人。有才的人就會流失，無能之人就會渾水摸魚。

老闆為何犯錯誤

許多老闆曾以為員工經常會犯各式各樣的錯誤。其實，犯錯誤的不只是員工，老闆也會犯錯誤，有的錯誤還是致企業於死地的。那麼，企業老闆為什麼更容易犯這些錯誤呢？

看看一些企業的管理現狀，我們不難從中看出這些老闆呈現出的是觀念落後。人類社會的歷史證明，社會進步從來都從觀念的進步開始的，不然就不會有「不換腦筋就換人」的經典判斷了。企業老闆觀念沒有改進、提升，不論原因是什麼、在哪裡，不論是否可以理解或諒解，作為導致老闆錯誤的重要「罪魁禍首」，它都當之無愧。

技能不足又常常顯露出老闆能力的缺乏。這裡的技能不僅僅指技術、業務、運作等具體的操作層面的能力，主要指把握宏觀全面並制定恰當策略規劃的能力、正確判斷形勢並做出正確決策的能力、對策略與環境的分析評估並將行動付諸實施的能力，以及善於識人、選人、激勵人的用人能力等等。這些能力對老闆來說，遠比掌握一些具體部門的某些業務能力要重要得多。可惜，太多的老闆在這些能力上是有欠缺的，而他們對技術、行銷、生產等方面的某些具體操作能力往往要強得多——當然，在企業比較弱小、唯求生存的時候，這些具體技能更重要一些，可一旦過了「臨界」，這些能力便開始退位於更重要、更需要的那些能力。

每個人的成長歷程都是學習的過程，就是經驗累積的過程，也是自我完善的過程。企業老闆所以能取得以往事業的成功，有賴於其成功的過程，越是成功得多、成功得快，越能強化其對經驗的信任，強化其對經驗的依賴。這也沒有什麼對錯之分，關鍵在於一個度的掌握——經驗是財富的同時，也還是負債！不重視經驗，和過度依賴經驗，都將是危險的。

老闆們另一個錯誤是隨意性強。家人參政、多頭指揮、朝令夕改、高層不穩等等是隨意性強的眾多常見現象中的典型表現。顯然，這些現象都是企業管理的大敵，是自損陣腳的行為，不可不慎，不可不防。

例如：S公司是境外資本收購企業後組建的合資公司，外資處於控股地位，多年以來董事會沒有按照規範的法人治理、結構去管理監督公司的經營管理；幾年後大股東開始全面介入公司經營管理，經審計，發現一系列重大問題，包括大量侵吞資產等諸多違法犯罪行為，企業經營管理更是漏洞百出。董事會開始下決心要實施一系列強有力的組織變革，希望改善公司現狀。

首先，加緊採購環節的監督控制；其次，狠抓經濟犯罪案件的調查，將大批相關高層相繼繩之以法；三，全面清理收購前的歷史遺留問題，特別是離退休的老同事等離職問題；四，全面切斷關聯的多種經營與公司的業務來往；五，實施競聘上任，進行大規模的組織和人事變革；六，準備立即啟動薪酬與考核大改革。主要工作的時間集中在半年內完成，整個時間跨度約一年半。

公司內外人心惶惶，歷史的和現實的問題、顯性的和隱性的矛盾、企業的社會的衝突，錯綜複雜的多層次的矛盾一下子交織在一塊，終於導致了大規模的惡性事件，如罷工、示威、遊行等抗議行為，激化了矛盾，董事會威信大打折扣，公司處於癱瘓狀態。

企業家多是創新家、冒險家、偏執狂，如果他們沒有這些特性，很難獲得創業成功。多數企業老闆多是源自社會的底層，個性特點往往還帶有濃厚的土氣、粗魯、暴戾，不善於自我控制——當然，這除了文化素養不高、培訓修養缺乏等因素外，還在於沒有認識到控制情緒的好處。

一些老闆「火氣」來時，不分場合、不論對象、不講形象、不擇言辭，往往最終讓錯誤的決策得以形成，讓人才消失，讓奴才得勢，讓企業的命運走向衰落。

一般的人都會有這樣的現象，小有成就就開始「翹尾巴」，還目中無人，以為自己無所不能、無所不通，想法多了、話也多了。老闆中也有這樣的人，不同的是，他只在自己的企業內部「施展」這些「才能」，結果是「親自」害自己的企業。俗語云「言多必失」，看來話多不是好事，想法多當然也可以進行同樣的辯證分析和判斷。我們可以這樣理解：「想法多」意味著「想法亂」。所以，因為權柄在握，因為「一言九鼎」……「想法多」對老闆來說，絕對不是什麼好事，肯定是要出問題的。

缺乏策略眼光的老闆表現在沒有長遠打算，不問方向，一味埋頭苦幹或者小富即安，得過且過不思進取，或者剛好相反，飄搖不定，見異思遷，好高騖遠，盲目投機等。前兩者屬於「小農」思維，後者是「賭徒」思維，都是做老闆的需要刻意避免的。

誰都知道，過度節儉其實就是小氣或吝嗇。作為企業的老闆，你更應該明白：做企業，該花的錢叫做投資、叫做成本，就是消費也有合理與不合理之分。如果分不清這些概念，該花也不花，該多花的也要「摳」一點等等，許多時候就可能使已經燒到了「九十九度」的水因為少了一些熱而無法最終「燒開」，有些時候因為要「節約」一點薪資，「節約」一點福利，而導致員工不滿、怠工或流失，最終更大損失還只能由企業，由老闆來承擔。

企業老闆經常易犯的錯誤應該說都是嚴重的，或者說程度比較嚴重，這讓企業遭受一定的損失，甚至對企業來說足以致命。這些錯誤如果發生且得不到及時糾正、改正，將讓企業損失的不僅僅是發展的機會和利益，還可能讓企業失去生存的基礎，不能不引起重視。

誰為老闆的錯誤買單

許多企業之所以會出現信任危機，主要還是因為老闆頻頻犯錯誤。這些錯誤是：

1 溝通錯誤

我們都知道，溝通過程即雙向傳播的過程。傳播過程中傳播者、資訊本身、環境、接收者等等每個環節都可能讓資訊「失真」。溝通方面的錯誤是老闆最不應該犯的錯誤。創業老闆所以起家，除了占有的技術、資源等核心能力外，最拿手的應該屬於溝通能力——內外、上下的各種關係都需要打理、攻關。然而，在一些公司裡溝通不暢、溝通不足、溝通不深、溝通不良等造成的信任危機卻是不爭的事實。主要原因還應該歸因於老闆的溝通錯誤——正是因為老闆的溝通上存在不足、不暢、不深、不良等現象，再由「獲得」老闆溝通的人層層傳遞著同樣的溝通效果，所謂「上行下效」是也。老闆與經理、經理與員工之的不信任危機藉此產生了。

2 用人錯誤

不僅企業老闆，所有的管理者都可能發生用人方面的錯誤。所不同的是，企業老闆更容易犯這個錯誤，更容易因為這個錯誤讓企業遭受損失，甚至「滅頂之災」。國有企業裡流行這樣一句話，「做好一個企業靠一個廠長是遠遠不夠的，若要搞垮一個企業一個廠長綽綽有餘」，因為那企業是國有的，多少還存在「所有者缺位」等現象，還「情有可原」，可是私人企業的老闆一般處於「在位」狀態，在這種狀態下還用錯人，實在不應該。可是，我們經常可以看到一些企業因為用人失誤而導致信任危機，斷送企業前程，讓人痛心疾首的案例。

3 計畫錯誤

計畫是一門藝術，計畫的前提是調查和統計，計畫要具有科學性、先進性和激勵性，計畫需要具體、可衡量、可考核，計畫要留有餘地等等。企業老闆即使有計畫的意識，卻大多缺乏計畫的基本技能，甚至認為專門培養或聘請計畫方面的專業人才是浪費。即使有些企業有統計職位，發揮作用的方面往往僅限於薪資核算及會計核算，進行統計分析並用以計畫預測的寥若晨星。既然是一個人「神機妙算」、「拍腦袋」做出來的計畫，儘管也可能是正確的，但仍因為缺乏資料、邏輯、程序等的支援，理解、執行起來往往比較困難，起碼難以發揮執行、運作人員的主觀能動性，更何況如此做出來的許多計畫本身就是一廂情願，根本沒有成功執行與實現的前提與可能呢？

4 組織錯誤

為了盡可能減少開支，「節約」成本，許多企業將管理職能職位數量「壓縮壓縮再壓縮」，以至於許多必要的職能無人履行，雖然節約了費用，但因此而減少的收益又有誰進行過評估呢？還有些企業老闆因為好大喜功，盲目設置管理職位，副總、總監一大堆，就一個人的部門也要設個總監，一個班組的建置可以搞成生產線，人數不多，官員成堆，效率能提高才怪！還有些企業，本來直線制、直線職能制完全滿足需要，卻要趕時髦弄個事業部。還有一些企業，如果用寫實的方法進行組織結構實描的話，會發現居然存在非常嚴重的職能重疊、權力交叉、多頭管理、權責錯位等現象，雖然各方各面都感覺不順暢不信任，但居然也在湊乎過日子，表面還算平靜，只是內部累積了相當「豐富」的矛盾，「暗礁」叢生，已經給企業長治久安埋了許多不信任的定時炸彈。

5　指揮錯誤

首先，越級指揮現象在企業老闆身上非常容易看到，老闆本人對企業內幾乎每個人都可以指手畫腳，而根本無視被指揮者直屬上司的存在，公開在越級下屬面前否定其直屬老闆的指令等等，將正常的指揮鏈和管理秩序直接摧毀、摧殘。其次，一些老闆缺乏必要的指揮技能訓練，指揮乏術，輕率指揮，朝三暮四，讓下屬無所適從繼而產生信任危機，有時會有「一頭羊帶領一群獅子」的感覺。第三，多頭指揮。一些企業裡，若干大股東或老闆家人同時都從事高層管理，職能交叉嚴重，加上部分自我放大，讓共同下屬不知該聽誰的，更讓一些聰明的下屬學會了投機取巧、鑽漏洞。導致企業信任危機進一步加重。

6　控制錯誤

組織的管理從一定意義上說就是設定一個目標，然後透過一系列的執行與控制，來最終實現目標的過程。設定目標實現了，組織的管理就算成功了。控制是為了保證方向，是為了保證不偏離標準，是為了保證品質和效率。不控制、過度控制、控制不當是常見的控制錯誤。老闆要控制的不是具體專業部門的業務計畫、作業計畫，更不是生產現場的工藝作業過程，而是策略規劃、企業文化、主要目標和重要的管理人員等，只要保證這些關鍵要素不出問題，證明控制就是有效的。企業老闆們往往因為出身於業務、市場等技術性的背景，擁有某些專、特長，在內部控制上喜歡、也習慣於對細節進行控制，這雖然可以理解，但是抓小放大、顧此失彼，致使更嚴重的信任危機出現。

7 激勵錯誤

激勵與控制作為一個事物的兩個方面，一個方面出現問題，另一個方面也會不健康。可以說，絕大多數的企業都存在激勵問題。老闆易犯的激勵錯誤大致有：輕重不分。雖然說是要「論功行賞」，往往執行中在尺度掌握上沒有真正做到公正、公平，該重的沒有重，該輕也沒有輕，結果拿少的不滿，拿多的也不滿；主次不分。骨幹、核心的員工，重要的行為沒有得到恰當、足夠的激勵，不能充分發揮有限激勵資源的效用，花了錢沒有獲得期望的績效，甚至還是在「買埋怨」；方式不當。激勵作為一項專門技能，甚至幾乎成為一門學科，發展到今天已經比較成熟，可以用以操作或借鑒的方式比較多，激勵專門人才也已經比較容易獲得，可是還有許多的老闆採用的是論親疏、憑感覺、拍腦袋、搞施捨，這樣如果能調動人才的積極性恐怕只能是偶然現象了；反向激勵，不是「負向激勵」。是「獎懲不公」的一種表現，是「拍馬屁拍到了馬蹄上」的一種情形，主要產生於錯誤判斷，把激勵的整個方向搞顛倒了，偶爾一次兩次可能不至於發生大事，但如果頻繁發生這樣的反向激勵，對員工思想、對組織、對企業文化都將是「危害莫大」的。

老闆如何少犯錯誤

有多大量做多大的事，如果一個領導者經常懷疑自己的員工，這樣的領導者缺少胸懷和氣魄。要麼辭退這樣的員工，要麼放心讓人工作，不要造成一種疑神見鬼的氛圍。如果一個員工讓人懷疑，你要檢討一下自己，有沒有什麼叫人不放心的行為，讓人容易產生誤會。無論是上下級，還是同事之間，檢討自己，坦誠待人，誤解與疑慮就會在時間的考驗中消失。

1　立遠志，做大事

由於市場競爭這麼激烈，做到現在這個程度已經非常不容易了，能守住這個成就非常不錯了，哪裡奢望什麼遠志、大事啊？那麼，我們先來搞清楚什麼是遠志、什麼是大事——所謂遠志和大事，絕非所謂的理想化的轟轟烈烈、驚天動地，或者做像微軟、像英特爾、像李嘉誠等等那樣大且成功的事業，而是指你根據自己的理想、結合你自己的現實做出的相對長遠的規劃、設計、目標，以及做事的基本指導原則等，然後自己自覺按照這樣的方向、路線、思想繼續帶領企業往好的方向發展，到時候「遇水架橋」、「逢山開路」（具體問題具體處理），肯定可以讓你少犯錯誤，少走彎路。

2　要務實

我們都知道，如果你要想做成一件事情就要腳踏實地，何況企業所有者——老闆經營的是自己的企業呢？所謂務實，就是要從公司的實際情況，包括策略目標、所處環境、資源實力、執行能力、控制能力等等出發，既要保證盡可能迅速成長，又要保證安全、穩健；既不能讓市場機會、發展機會「擦肩而過」，又要使企業不至於被新業務「噎」死、「拖」死；既不能一味追求「大利」，放棄眼前的「小利」，也不能因為眼前的「小利」，看不到「大利」的機會……務實，就需要重用務實的人，胸無點墨、靠「耍嘴皮子」吃飯的人，千萬不能用於管理、決策等重要職位，如果偏要那樣，企業離災難就不遠了。

3 知識更新

大多數的企業老闆一般都非常希望並善於學習，對知識、技能的渴求大大超過其他社會群體。正因為這樣，市場上各類培訓非常「熱門」，也給一些「撈錢」的培訓機構帶來了「大好時機」，但是，這種「魚龍混雜」的情況，可能會在一定時期後讓一些企業老闆「大呼上當」。現階段，企業老闆需要哪些知識呢？雖然不能一概而論，但大體上應該有個範圍：公司策略、經營哲學、企業文化、用人管理、員工激勵、效率管理等。

4 觀念更新

誰都明白這是世界上最難的事情之一。但老闆之所以成為老闆，就在他們觀念更新得比一般人早、快，所以他們獲得了成功。因為這個人群已經從觀念更新上嘗到了「甜頭」，獲得了激勵，所以，觀念更新對老闆們來說不是特別難接受、特別難做到的事情。然而，出於慣性、惰性，出於對已經擁有成功的眷戀和對自己經驗的迷戀，又都讓老闆們從本能上拒絕觀念更新。因此，觀念更新既需要老闆自覺認識，也需要外界促成。

5　人才引進

引進人才不僅不僅帶來知識、經驗、技能，還帶來了新觀念、新思維、新習慣等的融合與衝突。在擁有一定規模的公司裡，基本上是企業文化影響新進人才；在人數比較少的公司裡，就基本上是外來人才影響甚至改造企業文化。所以，不能不慎重對待人才的引進。《孫子兵法》提出的人才標準是「智信仁勇嚴」，《論語》則提出「仁義禮智信」的條件，兩者都高度重視能力和道德的因素，認為能力和道德缺一不可，不可偏廢。

6　聘請「醫生」

人生而食五穀雜糧，沒有從不生病的，這就是我們生活中需要醫生的道理。企業，作為一個獨立的生命身體，也會出現各種各樣的「病症」——問題，同樣需要「醫生」。不過這裡的醫生不是戴著「聽診器」、拿著「注射器」的醫生，而是專業的諮詢、顧問人員。做醫生需要專門的培訓和訓練，不然，不會有人敢於拿自己的生命和健康當兒戲，同樣，企業管理諮詢、顧問人員如果是「庸醫」，同樣會給企業帶來損害，甚至災難。在已開發國家和地區，企業是否需要「醫生」、「保健醫生」、「家庭醫生」「私人醫生」一般不是討論的關鍵，關鍵在於如何識別、如何操作等問題。可是在現階段的部分老闆那裡，還是第一個問題更為重要一些——這需要改變觀念。

7　加強修養

加強修養對所有的有責任心的人都是自發行動。企業老闆因為已經開創了具有社會屬性的事業，從而在客觀上已經承擔了社會的責任，所以必須加強自己的修養——已經不是興趣、愛好或追求，而是必須承擔的不可推卸的責任、義務。老闆的修養主要指自身道德修養、自身素養、公司道德培養等內容，是一個長期的或者是終生的任務。

老闆也是人，是人就不可能不犯錯誤，有錯誤並不可怕，悲哀的是犯那些可怕的錯誤，可怕的是犯了錯誤後不能及時剎車、及時改正。不能避免的那些錯誤，「買單」的人沒有逃避的餘地，這可以稱作學費、成本或投資，以後會有適當補償或回報。而可以不犯或少犯的錯誤如果犯了或犯多了，「單」就「買」得太冤枉了，不能算作成本，應該視為浪費了。

因此，老闆都應該主動努力，改善企業的經營管理，不犯或少犯錯誤，尤其不能犯致命的錯誤！千萬不要等到已經釀成信譽危機，連改正的機會都沒有了。

溝通就是雙贏

企業內部上下級間缺乏信任度，對一個公司的團結，士氣都會有很大的負面影響，出現上傳而下不答，令行而禁不止的情況，戰鬥力及受影響。這種情況的出現是因為缺少一個有效的溝通管道，引起上下級間缺少資訊的互通共用，當定下的政策卻未能有效執行，老闆對下面員工也不進行任何的說明解釋，當企業內部的利益分配出現不公，員工也沒有一個回饋投訴的管道，這種情況的長期存在，自然導致上下級間的不信任。企業中產生不信任的關鍵在於溝通不良，當團隊之間的溝通存在障礙時，將直接導致團隊成員之間的信任危機，並最終導致專案目標不能實現。因此，解決企業內部信任危機的最有效途徑：建立企業內部最佳化的溝通系統。

1 多具備同理心

由於一般員工勞動強度大，經常精疲力乏，業餘學習不多，見識面狹窄，這就註定了他們思想、和性格等方面的缺陷。溝通並非千篇一律，而是因時、因事、因人制宜，同時還特別注意從對方利益與立場出發，為對方的得失利害著想。如果我們的領導者主管能設身處地的體察和體諒這些，就不會輕易遷怒他們平庸、愚魯，就會找到和擁有更多的共同語言。遺憾的是，有的領導者主管自視懂得多，不喜歡靜下心來傾聽他們的心聲，而喜歡說大話、套話，因而讓下級掃興，失信於員工。

2 擺正心態

于右任先生曾經說過一句話：「造物所忌者巧，萬類相感以誠」。就是指人與人之間的交往，只有誠才能換取對方的誠，只有誠才能打動人，只有誠才能交上真正的朋友。現實中無數活生生的例子也都在告訴我們，處理任何的事情時都不能完全以自我為中心，否則是會受到懲罰的。有的領導者總認為自己能當上領導者，靠的是能力比別人強，因此自高自大，目中無人，僅憑自己的主觀臆斷處理問題，不注重徵求下屬的意見，甚至聽不得不同意見，久而久之，下屬會感到得不到尊重，工作沒有積極性，甚至產生抵觸。那些「事事以我為先」、「天下我最大」，有了什麼功勞、好處統統歸己；事情搞砸了，出了問題就一推三六五，拍拍屁股走人。而且，還振振有詞：保護自己最要緊。這樣做，已經違背了領導者的真義。還有的領導者認為要樹立領導者威信，就要與下屬保持距離，平常不與下屬多交流、溝通，完全一副公事公辦的表情，缺乏親和力。

3 不能為了自己輕鬆

成功的領導者並不是紙上談兵、一蹴而就的。而且，如果沒有根據自己具體的工作實際而盲目去做，反而會弄巧成拙，容易出現以下幾種錯誤傾向：第一錯誤的將不察下情理解為高高在上，不顧下情。有些領導者在實際工作中，就是「眼睛盯著老闆，屁股朝著下級」。第二將堅信基層群眾理解為作群眾的尾巴。雖然群眾的智慧和力量是偉大的。但是，也存在「人性本惡」的一面。人性的弱點決定了人的認知有限，人們容易受利益所驅，而產生利己不利人的思維和行動。各級領導者若不對群眾的言行有所甄別，而一味「作群眾的尾巴」，也會影響領導者工作的開展。第三錯誤的將放手讓群眾去做理解為一味依賴群眾。有些領導者「放手」不是為了調動群眾的積極性和開發其創造力，而是為了自己落得輕鬆，這是不負責任的領導方式。

4 做一個負責任的人

憑什麼來獲得大家的信任呢？主要有兩點：一個是公平性，一個是責任心。所謂公平性，就是看領導者處事是否公平，是否一碗水端平，比如在用人上，是以能力為主要考量指標，還是以關係為主要考量指標；是堅持五湖四海，還是親親疏疏搞小圈子、小圈圈。特別是在同樣的情況下，每個人所受到的對待是否一樣？所謂責任心，就是看領導者是不是負責任。有人曾經戲說道，所謂領導者就是別人犯了錯誤而由你來承擔責任的人，說的就是這個意思。因為對於領導者的公平性而言，無論領導者做到什麼程度，大家站在不同的立場上，總是會有人不滿意、不服氣的。但對於責任心而言，卻是每個人都能切切實實看到和感受到的。在下屬犯了過錯，最需要你支援的時候，你以保護自己為要務，毫不留情的拋棄下屬的話，是會傷害下屬的感情的。我們說領導者主要是基於大家的信任才得以進行有力的領導，而信任說到底還是一種感情，感情受到了傷害之後是很難彌合的。所以，作為領導者要珍視下屬的信任，重視下屬的情感因素，做一個負責任的人。

5　反思

孔子的學生曾子，就很善於以提問的方式進行反省。他說：「我每天多次反省自己：我為別人辦事，有沒有忠心耿耿？我跟朋友交往，有沒有講究信用？我教導別人的，有沒有身體力行？」香港著名企業家李嘉誠，也經常進行曾子式的反省：「我常常問問自己，我有否過度驕傲和自大？我有否拒絕接納逆耳的忠言？我有否不願意承擔自己言行所帶來的後果？我有否缺乏預視問題、結果和解決辦法的周詳計畫？」

反思，可以是沉思，也就是專門抽出時間來思考。庫澤斯說：「也許是這裡十五分鐘，那裡十五分鐘，你用學習者的方式來看待這些時間。也就是說，你抽身而出，進行反思：我想要這個結果，我用這個方法做了，我做得如何？取得我想要的結果了嗎？我可以怎樣做得不同？」加德納稱之為「走上山頂」。這可以是真正走上一座山頂，就像摩西在西奈山頂獨自待了四十天；但更多的是在比喻的意義上，就像戴高樂每天的散步。加德納指出，對於領導者來說，階段性的與眾隔絕，跟與群眾打成一片同樣重要。

海菲茲稱之為「走上看台」。然而，他指出領導者也需要在行動中反思，在行動的同時也可以「走上看台」。海菲茲舉了著名籃球運動員「魔術師詹森」為例子，認為他領導自己的球隊的偉大之處，部分在於他既能盡力打球，又能留意到整個的比賽情形，就像同時站在看台上一樣。

6 打破溝通障礙

企業決策的暢通傳遞，尤其是思想和觀點的無障礙交流具有十分重要的意義。員工的思想往往是企業創新的源泉以及不斷提高生產力水準的堅實後盾。讓員工的建議和想法無障礙的流動並予以採納，往往會使企業的競爭力在短時期內大幅度提高。

威爾許在一次業務經理會議上說：「隨著市場的開放以及區域性障礙的逐漸去除，全球化不再只是個目標，而是個不得不履行的策略。單單只做到改革、組織扁平化、機械化及自上到下的評估方法這些一九八〇年代的改革模式，已跟不上一九九〇年代變化的腳步。要成為一九九〇年代的勝利者，必須營造一種文化，即讓人們能夠快速前進，更清楚與別人溝通，以及讓員工能夠同心協力服務於多元需求的客戶。」這種文化的核心就是無界限、無阻礙溝通。無界限就是要清除各個部門之間、各個級別之間、各個地區之間的界限，直接與重要的供應商接觸，使他們成為企業營運流程中的重要一環，從而打破溝通障礙，實現決策、思想與觀點的暢通傳遞和自由流動。

7 無阻礙溝通

許多企業的高級經理人員，有的儘管一起工作了二三十年，但除了正式的會議外，很少聚在一起討論問題。這樣的公司在開會時，經理也只是一旁保持緘默，等各負其責的人提出方案，然後禮貌評論一下。這種溝通只流於形式，不會帶來任何好的效果。

無界限、無阻礙的溝通，不僅可以使企業內部的所有人相互幫助，坦率的交談，還可以促進企業內部的溝通學習。最終結果是實現階段快速反應。以奇異電氣位於肯塔基州的家電公司為例，自從進行了無阻礙的溝通，公司迅速改定了生產流程，提高了速度，同時也提高了顧客回饋的速度與品質，削減了庫存，公司從接受訂單到發貨本需8週，但有了無界限溝通後則縮短到了三點五週，平均庫存減少了百分之三十五。

任何限制思想和學習自由交流的界限，對企業來說，都是有百害而無一利的——缺乏縱向交流的上下級之間界限，降低了決策效率，同時也浪費了太多時間。而各業務單元之間存在的界限則會導致協同效應的消失，使每個業務部門不得不單槍匹馬獨自應對市場競爭。所以只有打破所有界限，推行無阻礙溝通，才能使企業徹底走出溝通的困擾。

8　多以誠相待

常言道：「真巧不如拙誠」、「內多欲而外施仁義，奈何效唐虞之治乎」？下屬最忌諱的是老闆耍小聰明，喜歡玩文字遊戲，說話遮遮掩掩，藏頭藏尾，含含糊糊，模稜兩可，讓員工聽了一頭霧水，摸不著方向，找不著南，摸不著北，出了問題，部門主管責任推向兩邊，一邊推給老闆，一邊推給下級，自己卻萬事大吉。經過偽裝的言辭再精彩也難長久打動人心，只有以心換心才能換取真心。有的部門主管常戴著面紗或面罩，說話不敢敞開心扉，不能坦誠相待，自然無法換得下屬坦露胸懷，吐露心聲，上下級互相猜疑，何以溝通？這種溝通不僅未能解決問題，還造成情緒激化，矛盾加深。老闆要把事情說的清清楚楚，下屬下能夠聽得明明白白。員工才會對部門主管敞開心扉，吐出心事，部門主管才能找到解決問題的根源，從根本上解決問題。

9 全方位交流

明智的領導者提倡的是全面交流。在全方位交流中，公司的各種情況，包括盈利情況、組織成員的結構、面臨的困境及最新策略，都能被所有的員工第一時間掌握，這樣，能建立互相信任的良好氣氛，讓所有員工更加真誠，使公司上下團結一致，保持高度的凝聚力和向心力。讓員工隨時了解企業的各種情況，客觀公正對待他們的意見和建議，員工就會感到受重視，進而就會產生與企業榮辱與共的意願，認真履行自己的職責，為公司承擔更多責任，千方百計提高自己的能力，並為企業的發展出謀獻策。在一個推崇全方位交流的企業中，每個人都明確知道別人對自己的期望，也知道自己該做什麼和該怎麼做。

你是員工信任的領導者嗎？

一位就職於一家知名企業的員工，不久前他離開了那家公司。閒聊的時候說到了他曾經的一位領導者，他頗有感慨說：「他不僅是我的領導者，更是我的老師。即便如今我已不是他的員工，每當有什麼好的或者不好的消息，我都會第一時間向他彙報。失敗的事我會覺得丟了領導者的臉，成功的事我會覺得對得起領導者多年的培養。假如現在他需要我回到公司，即便是義務的，我想我也會毫不猶豫」。

究竟是什麼事情可以讓他如此心悅誠服呢？

「他重視我的需求，會給予我恰當的指導和培養；他重視我、信任我，即便是我認為自己還不具備相應能力的事情也會放手讓我去做；成績是我的，責任是他的；他會從我的角度考慮問題，從不強加自己的意願，即便我選擇離開公司，只要他認為對於我的職業發展有利，他也會支持我……」而說到另一位領導者時，他無可奈何搖搖頭說：「我希望以後的職業生涯中再也不要遇到這樣的領導者。」朋友很詫異，同樣是與他朝夕相處了四年多的領導者，為何區別如此之大？他說：「在他眼中，我只是一個完成任務的工具。在他那裡從來得不到任何真誠的幫助和信任」。

作為管理者，都希望留給員工像第一位領導者留給我朋友那樣的印象，永遠都是發自內心的忠誠和信任。但怎樣的領導者才能讓員工如此折服呢？或者說什麼樣的領導者才是好領導？員工更希望他的領導者是什麼樣的呢？

仔細想想，你也曾經是一名員工，有著最樸素的願望，渴望自己在團隊中受到尊重，渴望自己在工作中學習成長，渴望自己的努力得到承認，渴望被發現、被肯定，甚至被幫助，渴望來自於領導者的指導、聆聽、讚賞……那麼，現在，你覺得你能夠成為自己心目中那個卓越的領導者嗎？你認為員工應該對你有絕對的遵從和信任嗎？

卓越從來就不是一蹴而就的，任何成功的領導者都是從點點滴滴做起的，都是在用心做著每一件事。只有透過多年的實踐累積和不斷挑戰，才能成就今天的卓越。卓越的領導者應該具有以下一些行為特徵：

1　能夠正確理解員工的所思所想；

2　能夠與員工自由的交換意見；

3　有接受高水準工作並勇於挑戰的能力；

4　能夠論點明確、重點突出的進行語言表達；
5　能夠適時向員工提供有用的資訊；
6　能夠和員工合作並高效率完成工作；
7　能夠以積極的心態面對困難。

如果希望具備這些特徵，那麼你就應該照此去做！讓員工從心裡認為你是一個值得尊敬的人，即使員工離職，也讓他對你心存感激。讓員工成為追隨者而不僅僅是員工。監督一名員工與激勵一名追隨者，對達到更高的績效來說作用是不同的。員工只是寄望於透過個人努力獲得生存條件和進步；追隨者卻希望能夠達到和領導者同樣的目標，以至最終他們能夠共用勝利果實。

日本電產集團的會長永守重信先生在《成為帶領他人的人》一書中寫道：「如今是個危機四伏的時代，『只有做到這一點才行』——高層領導者給部下指明了這樣的方向之後，員工才會時刻有危機感。」就像永守重信所說的，領導者就是帶領員工走向成功的人。優秀的員工不僅僅是靠招聘獲得的，更是卓越的領導者一步一腳印的帶出來的，這些領導者是企業的代表。我們不否認，有些員工加入企業之前就具備了很好的背景：受過良好的教育，畢業於著名大學，有著令人羨慕的職業經歷，曾在知名企業業績不菲。可這樣的員工不經過企業的磨礪，不經過領導者的指點，也難以融入企業，也就不能成為這個企業的優秀員工。

領導者不要幻想員工一上班就能獨當一面，不要強求剛剛就職的員工就會對你心悅誠服，更不要強求員工熱情洋溢為企業奉獻，或者為部門目標而奉獻。因為這樣的員工不是自然產生。而是要靠你悉心培養。你希望擁有什麼樣的員工，你就應該用什麼樣的方法，或者心態，去培養他。

優秀的領導者能夠給予員工適當的關心，而不是過多干涉。他們會向員工伸出援助的手，並促使他們自己思考。如果員工的態度模稜兩可、不負責任，領導者就會提出批評，並幫助改進；而不是什麼事情都幫員工舉辦，有求必應。卓越的領導者從心裡期望員工成長，而不僅僅是把員工當作賺錢的工具。你需要調動自己所有的技能，包括人際技能、管理技能、業務技能，去贏得員工的尊重和信任。這些尊重和信任是脫離於你的職位的，它屬於你個人，而不屬於你的職位。你需要真正關心員工，了解他們的期望，並且將關心他們、愛護他們變成一種習慣，為他們的職業發展負責，甚至能夠想到他們的生活所需。你需要像師傅一樣，不僅把他當成一個能夠完成任務的人，還要把他當成一個擁有成長欲望的徒弟，耐心的教育他，親自指導他，毫無保留的將你所知道的告訴他。

成功學大師拿破崙．希爾說，習慣是由一再重複的思想和行為所形成的，我們每個人都受到習慣的束縛。許多事情反反覆覆的做就會變成習慣，人的許多行為習慣都是在做中養成的。對習慣進行管理，簡單的說，就是用新的良好習慣去破除和取代舊的不良習慣。作為管理者，要想成為真正的卓越領導者，要想不掉進信任危機的漩渦，能夠帶領你的團隊打勝仗，要想在激烈的人才競爭中勝出，必須不斷進行自我修練。

第三章　埋下信任危機的種子

企業內部的信任危機主要表現在：員工對企業領導者、領導者與領導者之間在敬業問題上，領導者與領導者之間在鞏固個人在企業地位方面也可能會存在明爭暗鬥。因為缺乏社會性、規範性的競爭機制，員工和幹部對企業高層領導者的能力存有疑慮等幾個方面。其實，這都是作為領導者有間或無意中埋下信任危機的種子。

都是權力鬥爭惹的禍

企業一個普遍現象是內部的權力爭鬥。觀察表明，企業的高層管理者將大量的時間和精力不是用於改進管理和提高企業效益，而是爭權奪利。

企業內部的權力鬥爭的方式多種多樣，從祕密收集競爭對手的黑資料，公開流言蜚語進行人身攻擊，拉攏賄賂主要人員，到給對方的工作設置障礙，甚至用暴力殘害競爭對手，無奇不有。我們發現，那些能力低而權力鬥爭技能高的人最熱衷於權力鬥爭。有些能力高的人本來不願意權力鬥爭，但也不得不耗費大量的時間和精力應戰。能力低的人為爭奪權力而戰，能力高的人為捍衛權力而戰。而且，權力鬥爭的結局常常是高能力的人被低能力的人所擊敗，好多企業被內部的權力鬥爭拖垮。

趙、錢、孫三個人合夥一起創業，他們在創業初期互相協作、互相團結，最終打拼出一片市場。可隨著業務的逐漸擴大，問題也逐漸的顯現出來。趙負責公司的市場運作，可以說得心應手。可是，錢擔心趙掌控了公司的核心業務，自己的風險增加，於是安插自己的人到趙的部門工作。趙也不是傻瓜，對錢的舉動心知肚明，便開始怨恨起錢來。孫一看錢在市場部門安插自己的人手，擔心市場部門被趙和錢掌控，於是也安插自己的人手到市場部門。趙也不是省油的燈，也安插自己的人到錢和孫所負責的領域。時間一長，趙、錢、孫之間越來越不信任，溝通的機會越來越少。最後公司沒有人有心思搞業務，大家都忙著互相監督，爭權奪利。在這種互相不信任的情況下，公司業務逐漸江河日下，最終落得個倒閉的下場。

在團隊裡面，只要有一個人的價值觀和團隊價值觀發生了背離，而又得不到有效處理，這個團隊的戰鬥力就會大打折扣，直至消失為止。最後，即使團隊成員之間的價值觀完全一致，但如果這種價值觀不是積極向上的，而是為了一己私利，那麼他們即使走到了一起，也不會真正為了一個共同的目標而奮鬥。因為當大家都為了一己私利的時候，合作的基礎就不存在了。

儘管企業的一些人不比其他員工的貢獻大，卻因自己的特殊關係而爭權奪利，養尊處優並要求獲得超額利益，嚴重傷害了企業外來員工的工作熱情和積極性，限制了他們潛能的發揮，使得企業內部人才流失，最終導致企業面臨人才短缺。

公司派系是這樣形成的

在企業中，拉幫結派搞小圈子，不是簡單的感情聯合體，而是權力、利益的結合體。劃圈為界，劃圈為戰，一榮俱榮，一毀俱毀。其弊端在於只講小團結，不講大團結；只講幫內利益，不顧企業利益；只信任幫內人，不信任企業組織。這種文化具有明顯的自私自利和排他特徵，其實質是分裂和謀私，違反組織利益，形成企業內部信任危機。

某公司發揚員工講團結，上班之前下班之後都要唱《團結就是力量》這首歌，每次開會後再熱熱呼呼的聚餐，大家一團和氣。而在高調吆喝的背後，有著激烈的派系爭鬥：跟隨著老闆打天下的元老在公司位高權重，他們上有老闆的關係，下有客戶支援，發展成為派系。牽一髮而動全身，相互之間排擠、賴皮，對付派系的爭鬥成為擺在老闆面前的一個難題。

白手起家的老闆帶著十幾個知己，經過幾年的快速發展，現在位列行業前十名。十個大區經理中有七個是跟著老闆一起打天下的重臣，他們都曾經吃糠咽菜、不計報酬，上得到了老闆的完全信任，下與經銷商有著極為密切的聯繫，逐漸擁兵自重。公司分為A幫、B派，還有老領導者、老部下，關係錯綜複雜，各派之間在互不信任的同時既有聯合也有排擠。在此背景下，連續幾任行銷總監都是掛冠而去，行銷系統動盪不安。

新任命的行銷總監，是負責行政的周先生。周先生是一個非常謹慎的人，老闆也正是看到這一點才那麼放心。周先生是能省就省，上任伊始，所批的費用反而大大少於同期，這得到了老闆的表揚。他在強勢的老闆面前，能夠承上啟下，在複雜的環境中遊刃有餘，功力不凡。老闆認為，周先生雖然不懂行銷卻能夠執行自己的意圖，這就夠了。

行銷部各派在老闆的高壓下，只得向形勢妥協。向周先生表示配合和妥協。為了樹立周先生的威信，二十萬元以下的銷售政策周先生做主，不必他親自審批。市場有費用就會好做。周先生手裡有了權柄，大區經理們趨之若鶩。但各個經理不願意了，開始怨聲載道，並對周先生展開攻訐，認為他什麼都不懂，瞎指揮。在大家的煽動下，銷量開始快速下降——做給老闆看。

周先生開了很多會，發了很多火，可是各個大區經理不為所動，有兩個大區經理想和周先生配合一下，也被眾人圍攻，周先生孤掌難鳴。無奈之下，周先生只好搬老闆出面鎮壓，很快就擺平事端。但是老闆對鬥爭的亂象十分厭煩，敏銳的指出，行銷系統的任務就是要以最快的速度把銷量提升上來。

周先生面對老闆的命令和棘手的團隊問題，只有主動妥協——用批政策的方式拉攏這批悍將。這一招非常靈驗，造反的市場都是成熟市場，前期大家把銷量壓下來，只是給周先生一個下馬威而已，如今大家見周先生認錯了才一起把銷量放開，銷量立刻上升了百分之二十，皆大歡喜。但周先生沒高興兩天，問題就又出來了。

促銷費用給誰不給誰是個關鍵問題，你不給他，就得罪了他。大家掌握了周先生的命門後，以銷量下降作為威脅，一些不需要促銷的市場也在講條件、要政策，把政策當成了分贓。

周先生本來只有二十萬元以下的審批權，可是各個市場採用多次審批的辦法，突破了這個界限。原本是要控制費用，可是費用到了月底反而嚴重超支。這其中存在嚴重的問題，地方大員們與經銷商勾結起來，共同分贓。周先生反而是敢怒不敢言。

看到這種情況，周先生知道已經做不下去了，趁著老闆還沒發脾氣，趕緊提出辭呈。

老闆看到了這個情況非常惱火，下定決心收拾一下這些驕兵悍將。於是，調來了自己的外甥王總為行銷總監。

王總是個有魄力的人物，負責老闆的另一個產業。他曾經在行銷一線歷練多年，也一直密切關注舅舅的公司，他有決心解決這種軍閥割據的狀況。上任以後，快刀斬亂麻：帶來了十多個人員，對區域公司大換血，人員打散。順我者昌，逆我者亡，不聽話的銷售經理堅決拿掉，從自己帶來的人員中提拔替代，等於是向公司的這些元老直接宣戰。

王總強勢介入後，立刻就有一些人員投靠過來。王總認為這是團隊開始分化，整頓已經初現成效。殊不知，這些人都是一直來比較弱勢、沒有掌握資源的利益失去者，他們當然渴望把握變革的機遇。

王總沒有預料到派系的反擊會如此強烈。

大區經理苦心經營行銷分公司多年，屬下人員和這些經理都有著千絲萬縷的聯繫，本身就是利益共同體。總部準備向他們的經理動刀的時候，很多員工拼著這個工作不要，也堅決抵制，公司的人員流失率驟然增加。面對這種僵局，王總也不能後退，他必須咬著牙堅持：要走的人不挽留，行銷分公司人員堅決打散，同時安排自己培養的一些親信替代。後來人員走得太多，甚至一些區域公司所有的人員都投靠到競爭對手那裡。

真正決定勝負的是經銷商的態度。

經銷商本身也是利益共同體的一部分，看到熟悉的人員都走了也主動參戰，態度十分強硬：有幾個經銷商在酒後打電話把王總罵了一通。更多的是在背後向老闆告狀。一些經銷商還隨著離開的人員，開始與競爭品牌聯繫。

經銷商是公司最為寶貴的資源，老闆看到事情即將無法收拾，急忙出面，先是安撫經銷商，然後讓王總灰溜溜的離開，行銷公司又重新恢復了原狀。王總原指望高歌猛進的消滅派系軍閥，而他的這種強勢方法實際上形成了又一個派系，用派系消滅派系，最終引起了更為強烈的對抗。

這種派系鬥爭局面形成的根源是什麼？深入了解後，可以肯定老闆就是根源。

創業在初期漏洞很多，各種制度還沒有完善，老闆為了取得一種平衡，避免讓某個人一支獨大，人為地形成幾大勢力，大家彼此之間毫無信任可言，有的只是相互攻擊，老闆更容易獲得第一手資料，取得相對平衡，進而絕對控制行銷部門。

缺乏承諾的惡果

誠信是企業信譽的根本，是企業寶貴的精神財富和價值資源。但是，絕大多數老闆都把企業「對外」誠信看得很重。但實際運作當中，老闆對資深主管不守誠信的事例卻不絕於耳。那麼作為經理人，究竟該如何對待、如何應對老闆的承諾，以及不守承諾呢？

吳世明在B公司擔任經理時，憑著堅忍不拔的奮鬥精神，使一個名不見經傳的小公司成為了全行業十大名牌企業。在外人看來，作為企業的功臣，吳世明一定會享受到很高的待遇。但實際情況又是怎樣呢？他租住在一間狹窄的房子裡，月薪只有兩萬多元，且手機費等相關費用自理！

面對如此的生活狀態，支撐吳世明的除了事業心以外，還有董事長在全體慶功會上信誓旦旦的承諾：要重獎每一個對公司有貢獻的人，吳世明公司一定要解決他的住房！並且專門給吳世明頒發了未來的獎勵手令。但這個承諾幾年來一直是一個空頭支票，吳世明眼巴巴的盼著這個承諾兌現，董事長卻一直表示：「再等等，再等等」。年底時的「重獎」，僅僅只是給了一個雙薪，房子的事更是遙遙無期。等待是痛苦的，尤其是不知道這個等待有多長的時候……

終於，吳世明在經歷多次的考慮後，決定不能再空守著那句承諾，去「再等等」了，毅然選擇了辭職。

身為公司老闆，人前一套背後一套，嘴上天天喊制度一定要完善，執行一定要有效率。用高薪的幌子把人給騙過來，然後再以「能力不足」的藉口把薪水給降下來，這是某些企業慣用的伎倆。一邊標榜誠信，一邊又置法律法規、道德規範於不顧。內部其他員工看到此君手段後作何感想？還能坐的住嗎？還能安心去工作嗎？即使在那裡工作能有多高的效率呢？制度不成制度，只憑老闆心情好壞或者一句話就予以改變，弄得人心惶惶，整體如一盤散沙，這樣的團隊又有多高的戰鬥力呢？其結果也是有能力的人轉投他人。

傳統決定了我們往往看重口頭承諾，相信「君子一言、駟馬難追」和「一諾千金」，而不習慣認認真真訂契約。即使經理人本身想訂契約，他也會擔心：老闆會不會覺得我斤斤計較？老闆也會覺得：你這不是明擺著不信任我嗎？……於是還沒合作，就已經埋下了很多矛盾和猜忌。

雖然「先小人，後君子」的道理人盡皆知，但我們的「主流思想」卻總是：「不至於如此吧……」殊不知，老闆永遠是資本的代言人，當失信於人而沒有任何代價，或者失信成本小於守信成本時，誰又會去恪守承諾呢？這是人性使然！因此，縱然傳統文化氛圍中存在推崇「君子協定」的慣例，但隨著社會進步，員工作為弱勢群體，要想維護自己的權益，就必須首先扛起「契約精神」的大旗！

經理在進入某個公司之前，一定與老闆應該盡可能的把權利義務等內容量化，並且簽署一個書面協議，甚至進行公證。儘管也不能完全杜絕老闆食言，但至少能提醒、約束老闆：不要信口開河。

作為經理人，首先必須認真起草協議，包括股權、報酬等敏感細節，比如：完成了多少業績，可以按多少比例享有待遇和福利，以及自己要提前離任或老闆提前解聘、續約時，彼此應該承擔什麼義務等各方各面的事情。

資深主管不僅要有信任，還要有具體的制約措施，只有把握好這一點，才可以把危機化解到最小。應該強調的一點是：經理人不能只將企業的競爭對手當作對手，有時還要將老闆考慮在內。因為老闆既是經理人的合作者，又是利益的競爭對手。

導致資深主管人才流失，禍根一般是老闆不講誠信，這必然陷入常常招聘的循環。有人說：這樣在人才市場打打廣告，提升一下企業知名的也不錯啊。可你招聘過來一個新手過來付出的不僅僅是招聘成本，還有你的培訓成本。要一個新手成熟至少得半年，在這時間裡你要支付他的薪資是多少？各種補助費用是多少？而他又能為企業創造的效益又是多少？兩相對比算一下，那些不講誠信的企業相比會為想省幾百元而不惜逼走一個人才的愚蠢做法後悔不已。

很顯然，老闆在經營中是時刻要計算自己的成本的。有些老闆的身上，既有誠信的一面，也有不誠信的一面。比如：一位經理在離開公司時，老闆可能會主動兌現他兩百萬，因為他看準這位經理不好惹，如果不兌現承諾，說不定以後他會讓自己損失五百萬！而另外一位經理雖與他也談好了待遇情況，但在離開公司時卻拿不到其應得的報酬，因為他手中沒有制衡老闆的利器。

一些目光短淺的企業老闆往往看到的只是眼前利益，不惜為了蠅頭小利而置大局於不顧，孰不知這損人又不利己。我們是不是可以效仿國外的做法，也用輿論來監督老闆的公信力呢？

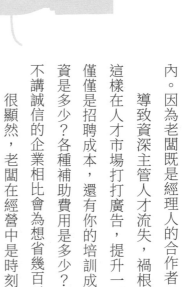

承諾不兌現的情況常會發生在成長型企業。因為成熟的企業已經形成了比較完善的制度，而成長型的企業對未來的發展、市場形勢的變化都估計不足，很可能當時契約就訂得不太合理。比如：老闆有時答應給你多少諸如：分紅、股份、期權，最終卻發現不切實際，於是兌現之日遙遙無期。你也就只能空守著一句承諾，還不得不繼續賣命。

有個老闆說了這麼一番話：「我賺錢從來不存到公司裡。雖然我在公司裡有百分之七十的股份，但分紅還要給別人百分之三十呢！最核心的問題是還需要上百分之三十三的稅！」於是他將錢全部轉移走了。面對老闆諸如此類的現實利益驅動，我們不得不承認：只有真正拿到手的才是最實在的，而不要被老闆描繪的誘人大餅迷惑了。

所以，經理人對於老闆的承諾價值就不可期盼過高。比如：經理人甚至一開始就要做好老闆說話不算數的心理準備——刨除個人品格因素，未來的發展也確實不是老闆能預知和控制的，因而就要做好「到時能兌現百分之八十我就心滿意足！」的心理預期。

誠信是企業發展的基石。對內不誠信則對外亦不誠信，這樣的後果對企業的發展來說是極為可怕的。不講信用失去的不僅是員工的信任，還有企業形象等方面的負面影響及品牌影響力的削弱。行銷裡非常注重消費者的口碑效應，只希望那些管理者們不要小瞧了離職員工的「口碑」效用。

優秀的員工往往渴望更大、更為全面的平台和豐厚的薪水。而其對大平台的渴望甚至超過了薪水本身，借助大的平台好去施展自己的才華，一展平生之志。然而老闆卻是在招聘面談的時候是一套，實地裡操作又是一套。平台降低了，薪水又得不到保障，生平所學得不到施展，又要面臨巨大得生存壓力，自然要舍其而去了。更可怕的是跑到競爭對手那裡，憑藉著對該公司的了解，借助對方的平台去打擊該公司，結果可向而知。

不善於理解他人會怎樣

一九一五年，美國發生了歷史上最激烈的罷工，憤怒的工人砸壞了許多機器，大量公司財產遭到破壞。後來，政府出動軍隊進行鎮壓，還造成了流血事件，不少罷工工人被射殺。當時，小洛克菲勒剛剛開始負責管理這家公司，他是如何應對這一突發事件的呢？

首先，小洛克菲勒不顧家人的反對，冒著相當的危險走訪罷工者的家庭。他花了幾個星期的時間與這些罷工者談話，了解他們的要求，並與他們交朋友。然後，他在罷工者的集會上發表講話，他說：「這是我一生中最值得紀念的日子，因為這是我第一次有幸能和這家大公司的員工代表見面，還有公司行政人員和管理人員。我明確告訴你們，我非常榮幸的站在這裡，有生之年都不會忘記這次聚會。假如這次聚會提前兩個星期舉行，那麼對你們來說，我只是個陌生人，我也只認得你們中的少數幾個面孔。因為上個星期以來，我有機會拜訪整個附近南區礦地的營地，私下和大部分代表交談過。我拜訪過你們的家庭，與你們的家人見面。因而，如今我不算是陌生人，可以說是朋友了。基於這份互助友愛，我很高興有這個機會和大家討論我們的共同利益。由於這個會議是由資方和勞工代表所組成，承蒙你們的好意，我得以坐在這裡。儘管我並非股東或勞工，但我深覺與你們關係密切。從某種意義上說，也代表了資方和勞工。」

透過誠摯的交談和這番善意的演講，員工代表和小洛克菲勒之間的信任危機化解了，他們同意取消暴力的罷工形式，與管理層坐下來好好談判。在這次信任危機的化解過程中，小洛克菲勒並沒有表現出什麼高深的談判藝術或者是刁鑽的計謀，他僅僅表達出來了一種真摯的感情。小洛克菲勒把員工當作朋友，讓他們感覺到自己被關愛、被尊重，即使在組織最困難的時候，甚至是員工對組織不滿的時候，你也有可能把組織團結起來。正是因為這種真摯的感情，他與員工之間的關係才變得和諧，這場暴力罷工也就被化解開來。

可是，有些企業老闆並沒有像小洛克菲勒一樣理解自己的員工，這就導致了企業內部出現嚴重的信任危機。主要表現在如下幾個方面：

1 處理不好沒有領導欲望的一般工作人員

一般工作人員的動力主要來源於物質激勵。他們在工作中會特別努力，也可能隨波逐流。他們把基本的生活需求看得更重，獲得更多的薪資和獎勵是工作的主要目標。對於這些員工來說，物質獎勵更有利於激勵他們的工作積極性。領導者卻拿職位、職務去激勵他們，最後造成員工對其不信任。因為把一個沒有領導天賦的人放到領導職位上會讓所有人都不適應。管理學中有一個彼得原理講的就是這個意思：與其讓員工在高一個的層級上發揮一半作用，還不如讓他在低一個層級上發揮全部的作用。而有的領導者卻讓其擔任公司一些重要職位，使其上不能完成既定目標，下失去員工的信任，弄得他自己也沒了信心。

2 沒有管理好具有領導欲望的員工

這類員工的工作動力來源於對權力的嚮往。這些員工可能處於組織層級當中的底層，但他們有不斷向上爬的欲望。這類員工當中有兩種人，一種是點到為止型的，他們的權力欲望不是很高，有時可能會滿足於做一個小組長，當實現了這個目標之後，物質獎勵可能又會被提升為他們第一需求；而另一些員工的權力欲望則大得多。管理者沒有抓住員工的這方面特點，並沒有對他們給予職務升遷方面的承諾，更沒有鼓勵他們成為中階主管或者高層管理者，以激勵他們主動提高工作能力和工作積極性。

3 沒有理解創造性員工

這類員工的工作動力來源於他們的職業成就感。他們追求自主性、擁有知識、個性化、多樣化的工作環境，有較強的流動意願。他們的工作過程難以直接控制，能夠不斷創新是他們工作的動力。他們往往是技術性員工，技術成就是他們的第一追求，能夠因此而獲得榮譽、或者將他們的發明創造應用於實踐，有利於調動他們的工作積極性。這類員工很重視工作環境，包括技術設備、資金投入等。管理者沒有為他們既包括有形條件，也包括無形條件的提供創新的環境。他們還重視那些自由且無形的工作環境，管理者也沒有為他們定制相應的規章制度。

4 沒有把握好中階主管

中階主管的工作動力來源於競爭的樂趣。所有能夠成為中階主管的員工肯定都是具有領導欲望的員工，在他們看來，物質獎勵僅僅是一種身分的象徵，也許公司為他配一輛公務用車會比年終的四十萬元紅包更有激勵作用。中階主管負責了組織中的一個部門，他們較之組織中的其他員工更有競爭意識，他們是形成組織競爭氛圍的核心因素，與其他部門競爭的勝利更能激勵他們的工作積極性，這種積極性來自於成就感所外化的動力。企業老闆在管理這類人時，沒有既要促進中階主管之間的競爭，又能協調部門之間的合作。

5 盲目對待想做老闆的人

這類員工的工作動力來源於對自我實現的需求，它們包括對權威、身分、地位的嚮往，也包括對財富的追求，總的來說，他們希望得到組織中屬於自己的那份「所有權」。老闆為了要留住這種人才，做出了錯誤的決定，沒有讓他們獲得組織中屬於他們的那一部分有形的資產和無形的感情，也沒有讓他們獲得對組織的歸屬感。更沒有提高他們的社會地位、健全組織的信用制度建設、強化聲譽激勵機制、尊重他們的經營自主權等。於是，信任危機便在企業內部產生了，這不能不說是老闆不善於理解他人的結果。

「他不僅是我的領導者，還是我最尊敬的老師。即使我或者他離開了公司，當我有所成就時，我依然會覺得不負他的培養。」你認為你可以讓員工如此敬佩嗎？那麼，你可以透過展示你對於他們工作問題的理解和興趣，展示在你自己領域內的技術優勢來樹立自己的形象，並獲得下屬、員工的尊重。當下屬、員工認為他們的領導者在組織內有可信度時，他們會感到更舒服、安全，也會更願意信任領導者。

我們希望員工不單單是執行你指令的服從者，更是發自內心的追隨者。

與下屬爭功諉過？

進入新時代以來，老闆與員工之間的關係發生了很大的改變。雖然老闆還是那只能夠在一定程度上決定下屬「生死存亡」的「貓」，但「老鼠」們顯然擁有了更多的選擇機會，因而與老闆的關係也就有了很多種可以的演繹方式。因此如何成為讓「老鼠」滿意的貓也成了讓老闆們越來越關注的問題。

在浩如煙海的史籍中，有個小故事實在不為人們所看重，但卻是對諉過的典型刻畫。這就是《史記．魏其武安侯列傳》說的故事：曾經做過丞相的魏其侯竇嬰與現任丞相武安侯田蚡當著漢武帝劉徹的面搞起了潑婦罵街式的互相攻擊，事情的緣起是竇與田兩個皇家外戚爭權鬥勢。在場群臣兩不得罪，認為公也有理，婆也有理。如今還有一種很高明的諉過方式，當領導者的在下屬捅出什麼麻煩，犯了什麼錯誤之後，輕描淡寫的說一句：「我也有責任。」看起來他沒有推卸責任，其實是一句空話，不影響繼續做官，甚至不影響年底如數領獎金。你的責任到底是什麼、應該怎麼負？沒有下文了。

爭功諉過搞得企業的氣氛沉悶，缺乏壓力，管理層安閒舒適，員工充滿惰性，一些真正具有能力和潛力的人員則得不到充分發揮才能的機會，他們或者離開公司，或者被無謂的浪費掉，企業慢慢失去生機。這些人沒有諸葛亮那樣的勇氣，馬謖丟了街亭，他上書引咎自貶，並向眾部下公開承認錯誤。不諉過，且能認真總結教訓，從大的方面來說，有益於事業；從小的方面來說，有益於自身形象。

1　不與員工爭利

下屬、員工是領導者的績效夥伴，領導者要把下屬、員工的切身利益放在心上。這裡所講的利益，不只是物質上的東西，它還包括員工的成就感、安全感、自信心和發展的機會。要像尊重自己一樣尊重員工，始終保持一顆平等的心態，更多強調人本管理，在企業發展過程中既要考慮員工的物質利益，又要給予員工的精神財富，努力營造各盡所能、各得其所、和諧相處的環境，讓員工能有所收穫、有所作為、有所成長，看到真誠、看到希望、看到未來，激發他們的幹勁，讓員工在全力以赴的愉快工作中，為自己、團隊和企業創造價值。

2 不與下級爭權

如果領導者總擔心下級做不好，或者擔心下屬功高震主，就習慣性的代替下級做思考、做決策，甚至打擊、限制，就會使下級形成思想上的依賴性、惰性和埋怨，從而使其在工作上找不到感覺而無所適從。一方面下級得不到體驗的機會和發展的空間，另一方面，領導者也沒有那麼多精力去完成許多本不應他來做的事情，更別提下工夫去謀劃組織的將來。這樣做的結果只可能是組織效率低下，員工士氣低迷，而管理者自己卻被巨大的工作壓力壓垮了。因此，應該由下級完成的，就要充分授權讓他去做，領導者的責任是要在對團隊組織運籌中，提攜、說明下級成長，為組織未來的發展帶出一支好的團隊。

經營之神松下幸之助說：「最成功的管理是讓人樂於拼命而無怨無悔，實現這一切靠的就是信任。」所以，當企業的領導者給下級授權時應當充分信任下屬能擔當此任。在信任中授權對下屬來說，是一件非常快樂而富有吸引力的事，這極大滿足了員工內心的成功欲望，因信任而自信無比，靈感迸發，工作積極性驟增。

3　不與同級爭功

做好一件事情一定是一個組織協同作用的結果，不是靠單個人的一次設計、創意就能簡單的達到。而「與同級爭功」最明顯的表現就是在需要推動一件事情，需要大家協同作戰的時候，組織與組織之間、部門與部門之間相互不買帳。這種現象的背後其實是個人內心深處的「嫉妒的天性」在作怪。嫉妒本是人類天生的弱點，但有的人就克制的非常好，能夠非常平心靜氣面對功名之類的東西，這就是自我修練的成果。對於整個組織來講，要建立「相互求助的開放系統」，採用各種措施鼓勵建設性衝突，把組織的利益作為最高利益，遇到問題同級之間要相互協調，必要時還要學會妥協，用自己掌握的資源為組織的利益和目標做出貢獻。

優秀的領導者不會計較個人得失和爭功諉過，能補人之過、容人之短、助人為樂、見功就讓的高尚風格，善用一種對待同事開放、包容、接納和關懷的管理方式與同級相處，懂得企業的成功、事業的發展和目標的達成不是哪一個人的功勞，而是團隊的智慧、力量和努力，是集體智慧和協同作戰的結晶。對組織取得的業績看得比個人的榮譽和地位更重要。在工作交往中領導者要做到同級好共事、下級好接觸。對卜級尊重人格不耍戲，平等對待不疏密，任職給權不旁觀，解決難題不忘記。對老闆尊重有禮不恭維，服從領導者不盲從，親近友好不庸俗，盡職盡責不越位。對同級真誠相待不隔閡，相互信任不猜疑，彼此寬容不爭鬥，相互團結不拆台。

領導者不能與部下爭功，也不能貪天之功據為己有，更不能把一切功勞歸於自己，把一切錯誤推給別人。

企業成功了，老闆應當讓所有的參與者都能分享成功，切不可風光獨占。當工作中發生失誤時，領導者應當首當其衝，做一塊擋板，讓上面的錘子首先落到自己身上，以分減下面的壓力，而不能把部下當作「釘子」伸出去，被一錘敲死。

在外人看來，一個企業所有的工作成績都是領導者正確領導的結果，即使這件工作不是你親自做的。同樣，一個企業所有的失誤都有領導者的責任，即使這個失誤不是你直接造成的。因此，領導者與人爭功是沒有必要的，向人諉過也是徒勞的，只不過是自欺欺人，反而暴露出自己人格的低下。

開誠布公有這麼難？

企業業績的大小取決於領導者和員工兩個方面：企業領導者本人的素養和領導能力、領導藝術；另一個方面是員工的敬業和實務精神，只有把兩者的積極性都調動起來，才能使企業各個部門整體功能發揮到最佳的程度。如何提升企業領導者的綜合素養，發揮員工的積極性，同心同德，為實現旋力事業新的輝煌而努力奮鬥，這是一個我們必須重視的問題。

企業領導者要使員工尊重他、得到員工的擁護和信任，並自覺發自內心真正服從領導者，如果僅僅認為依靠行使職權就可以實現，勢必會鑽在「權力」循環裡，從而把自己與員工對立起來。員工因為懼怕違背領導者的意願而會遭受某些懲罰，所以會屈從。但是這種服從只是表面敷衍屈從，口服而心不服。所以，領導者要講究領導藝術。

任何企業中，員工是主體，是管理的核心。所以，企業領導者必須透過多種形式讓員工了解企業的工作目標、企業的現狀、發展中的有利因素和存在的困難，讓員工知道企業領導者開誠布公是尊重員工，員工是企業創造財富的主體，從而激發員工的主人翁精神，真正做到上下一條心，工作心一條。

有些企業領導者錯誤的認為：決策是領導者做的，部下只需要執行老闆決策，不需要開誠布公。其實這是雙向的。如果企業管理者不信任自己的員工，不進行必要的開誠布公，不讓他們知道公司的進展，員工就會感覺自己被當作「外人」，輕則會打擊員工士氣，造成部門效率低下；重則使企業管理者與員工之間，形成員工之間相互不信任的結果，產生嚴重隔閡，有時候甚至會誤解領導者的意圖而消極抵抗。

玻璃做的金魚缸一般都透明度很高，不論從哪個角度觀察，裡面的情況都一清二楚。「金魚缸效應」是由日本最佳電器株式會社社長北田光男先生始創的。「金魚缸效應」也可以說是「透明效應」。它是一種極高透明度的民主管理模式。北田光男先生強調，把強化明度的重點放在各級經營管理者的經濟收入上，要求企業各級領導者的經濟收入和費用報銷要如實向企業利益相關者公開，接受企業利益相關者的批評建議，並根據員工們的意見，對經營管理進行改進。而我們有些企業老闆並沒有這樣，什麼事都不向員工透露。

某纖維企業產品很暢銷，效益也很好，但企業領導者透過外考察，意識到該產品兩年後必然會面臨國外產品的衝擊，於是決定立即引進新的生產線，生產新產品。由於資金不足要求全廠員工集資，規定不集資的就離職。員工對此產生強烈的抵抗情緒，認為那是領導者好大喜功，結果釀成大規模上訴事件。無奈之下，廠裡只好取消了這個集資計畫。兩年後果然受到了市場衝擊，全廠上下都很後悔。這就是因為該廠領導者沒有跟員工開誠布公地說明事情的利害關係所致。

作為企業領導者要盡可能的與員工們進行開誠布公的交流，使員工能夠及時了解你的所思所想，領會企業意圖，明確責權賞罰。避免推卸責任，徹底放棄「混口飯」的想法。而且，員工們知道的越多，理解就越深，對企業也就越關心。一旦他們開始關心，他們就會爆發出數倍於平時的熱情和積極性，形成勢不可擋的力量，任何困難也不能阻擋他們。這正是開誠布公的精髓所在。

目前，有些企業採用「開誠布公管理法」，其哲學基礎與「金魚缸法則」一樣。史塔克是施行「開誠布公管理法」的先驅之一，他因道德表現傑出，堪為眾人表率，而獲得「企業信用獎」。史塔克接掌「春田重整公司」時，它剛從母公司「國際豐收公司」脫離出來，整個公司的經營狀況搖搖欲墜。史塔克認為，唯一能使公司長久維持正常經營的就是以真相為基礎。他決定讓公司裡的每一位員工都了解公司整體的經營狀況。他親自教員工看懂、了解公司的財務報表，而且定期公布公司的帳冊與各項財務資料，讓全公司上上下下都知道公司目前的狀況及未來的目標。

金魚缸效應運用到企業管理中，就是要求管理者必須增加規章制度和各項工作的透明度。各項規章制度和工作有了透明度，管理者的行為就會置於員工的監督之下，就會有效防止管理者濫用權力，從而強化管理者的自我約束機制。員工在履行監督義務的同時，自身的主人翁意識和責任感得到極大的提升，而敬業與創新的精神也將得到昇華。

每次沃爾瑪公司召開股東大會，公司都盡可能讓更多的商店經理和員工參加，讓他們看到公司全貌，做到心中有數。薩姆．沃爾頓在每次股東大會結束後，都和妻子邀請所有出席會議的員工約 2500 人到自己的家裡舉辦聚餐，在聚餐上與眾多員工聊天，大家一起暢所欲言，討論公司的現在和未來。

薩姆·沃爾頓認為讓員工們了解公司業務進展情況，與員工共用資訊，是讓員工最大限度的做好其本分工作的重要途徑，是與員工溝通和聯絡感情的核心。而沃爾瑪也正是借用共用資訊和分擔責任，滿足了員工的交流需求，達到了自己的目的：使員工產生責任感和參與感，意識到自己的工作在公司的重要性，感覺自己得到了公司的尊重和信任，積極主動努力爭取更好的成績。

增加規章制度和各項工作的透明度是企業一項任重而道遠的任務，不是一朝一夕就可以做好的。所以，企業的管理者要不斷提升自身的綜合素養和職業道德，為管理工作的公開透明提供「透明的魚缸和清澈的水質」，而管理工作的公平、公開正是透明的魚缸和清澈的水質。因此，領導者在工作中要始終遵循和執行公開的原則去開展各項工作。而企業管理的公開、透明又會對企業管理本身達到巨大的推動作用，使企業得到持續、良性的發展。

缺乏公開、公平和公正

有的企業打著「公平公開公正」的旗號來招攬人才。可什麼是他們的公開、公平和公正呢？有些老闆和企業的高管們總是把「三條腿的蛤蟆不好找，兩條腿的人到處都是」掛在嘴邊，人走了還可以再招，他們這樣認為。存在這種思想的企業是不會有什麼吸引力和凝聚力的，也不要期待有什麼忠誠的員工了，老闆與員工之間只是一種簡單的出賣勞動力和僱用勞動力的關係，這樣的企業遲早都是一盤散沙！

某企業要公開招聘總經理，張先生經過三輪的面談後，被安排見負責人力資源的面試官。面試官問了幾個簡單的問題，便問他什麼時候可以上班。張先生於是向原公司提出了辭呈，沒想到進公司後，人力資源經理卻說：「我們總經理要找你談話。」張先生硬著頭皮來到了一間辦公室。當他說明來意，總經理立即打電話去叫來人力資源經理，當著張先生的面嚷道：「誰當總經理是企業的祕密，不需要公開，叫他回去。」不容分說，「請」他離開了公司。

事情發生在一個「總經理」身上，可以想像一般員工的遭遇當然就更加「公平」了。

這類公開招聘僅僅是招聘廣告的公開。更嚴重的是，某些公司在招聘廣告中不寫薪資和福利的條件，甚至沒有介紹招聘要求和工作條件。招聘過程全是在黑箱中進行，招聘結果當然也不會公開。某種程度上看，企業在招聘與應徵者是平等關係，如果企業可以在幾個候選人中選擇，應聘者當然也有權選擇幾個公司。因此，公司和應聘者互相都要有誠意，互相尊重，不要因為自己是大公司就凌駕他人之上。

其實，某些企業的人事變動、升遷和深造發展常常是由公司老闆一手控制，他的決定變成人力資源經理和下屬的行動。等到員工們知道時，已經沒有什麼可以改變和修正，「公開」只是將結果告訴大家的「書面通知」而已。

如果一個企業失去了公正公平就不會有正氣，沒有正氣就沒有凝聚力，沒有凝聚力就不會有戰鬥力，沒有戰鬥力就不會有競爭力，沒有競爭力就不會有生存和發展力。

我們再來看看某些企業是如何「公平」對待員工的。德國某著名機械公司，同時在A地區和

B地區開設了分公司。公司招聘了當地人負責A地區的銷售，B地區的業務由香港人負責。一年下來，B地區的業績是A地區的五六倍。兩人進入公司時職位相同，薪資卻相差五倍。到年終發資金，B地區的當地經理獲得的獎金是A地區經理的十倍！種種不公平，使A地區的經理憤而提出辭呈。公司卻要求這位經理賠償「培訓及相關費用」，當他拿著印有「公平、公正是我們的宗旨」的公司制度去質問總經理時，得到的回答卻是：「公平只是對你們而言」。其實，許多外資企業都有這樣的不公平的待遇，原來公平還有國籍之分。

劉軍曾在一家外國公司做過行政總監，當時公司總部剛從C地區搬到D地區，大家拼命為公司忙這忙那，但很快總公司就將我們分公司賣掉了。即使到這時，總公司高層也沒有任何人來告訴劉軍他們有關事宜，事後也沒有任何正式說明。公司的一百多位員工茫然失措。後來當劉軍離開這家公司幾個月，才收到公司給他的正式通知信。帶有諷刺意義的是信中說公司在當年被該國雜誌評為最好的「公平對待員工和與員工溝通」的十家企業之一！

大多數企業沒有公平公正可言。這是因為企業的經營理念中有所謂世界策略，就是依靠「精英」帶頭獲得經營的成功，世界那邊當然需要支付可觀的費用，只有減少對其他參與者的付出。

那麼，企業又是如何「公正」的處理企業與員工的關係呢?在用人問題上，一些企業為了利益斷然破壞用人的市場法則。某著名公司的一位人力資源總監以「壓壓他們的『傲氣』」為藉口，居然提出用兩萬多元月薪聘用國立大學的趙先生。且不論趙先生的能力，企業的這種說法，看似有道理實則荒謬之極，企業的公正何在?無論出於什麼目的，此舉無異在搞亂了人才的市場行情。如果鼓勵企業這樣不負責任的非公正行為的話，也許將來會有人用兩萬多元的月薪招聘博士呢！

其實，員工渴望公正公平。因為唯有如此，他們的應得利益才能得到保證。但是一旦失去公正公平，員工也會被動捲入進去，他們會設法從小山頭裡撈回他們在大環境中失去的。長此以往，上梁不正下梁歪和上有政策下有對策之歪風邪氣就會盛行與蔓延開來，整個企業就會烏煙瘴氣。有些幹部思想麻痺，總認為照顧一點親近或關係是小事。其實，危害很嚴重。因為你照顧的雖然是一點情和利，但破壞的卻是公正公平。無原則關照一人，就會引起一大片人心理失衡心態失衡，由此而產生的負面作用呈現幾何級數增加。很多不正確的東西都可以打擊人的積極性，但唯獨失去公正公平對人的積極性打擊是最嚴重的。問題的關鍵是：雇主的強勢群體往往在勞資關係中起決定作用，代表員工利益的工會的力量沒有完全發揮作用，弱勢群體的員工要取得公平、公正的對待就相對會比較困難、雇員和應聘者無力與雇主抗衡。無論如何，那種「公平、公正和公開」高調和假象，只會給員工和企業帶來更多的傷害。

很多企業強調公開、公正、公平的管理原則，但有幾家企業能做到呢？

很多老闆認為：員工受雇於我，是來賺我的薪資的，就應該死心塌地為我服務、聽我擺布。在利益分配上不按勞按績按資，而是憑親疏憑關係憑好惡，那麼無序的利益紛爭就會沒完沒了。在幹部提拔任用上，不是擇優選賢，而是拉幫結派、結黨營私，那麼還有誰會願意追求上進、努力奮鬥？在評職稱評資金時，不看人品業績只看關係人情，那麼還有誰會勤奮敬業、刻苦勞作？叫忠實人吃虧為奸詐人謀利，誰還會關心這樣的企業？搞幫派的人一是想透過幫派來牟取私利，二也是被迫無奈，透過幫派來抵抗大環境的不公正公平。因此，在一個企業裡，只要公正公平的環境形成不了，幫派就消滅不了。

誰在決定著企業的成敗

是誰在決定著企業的成敗？是企業老闆、員工，還是市場？相信每一個人都會從自己的角度提供答案。但是有一點是毋庸置疑的：低績效肯定是導致企業失敗的重要原因之一。

一些基層管理者時常埋怨員工，認為他們的低效率嚴重影響著企業的績效。事實是沒有無能的員工，只有無能的管理者。如果你埋怨員工，首先意味著你自己需要改變。當管理者將阻礙企業發展的責任推卸給員工時，請他們好好反思一下自身。因為，員工工作效率的高低取決於管理者的管理方式和能力。

「那麼，到底是誰在阻礙著企業的發展呢？」一些管理者或許會這樣問。答案：正是你們自己。

很多人認為，企業中最重要的角色是企業高層管理者，這個答案只答對了一半，對於規劃企業遠景和策略，高層管理者固然非常重要，但是如果沒有人去落實和執行，他們的規劃就只是一堆廢紙而已。因此，企業中最關鍵的群體是領導基層員工執行企業策略和計畫的人，也就是基層管理者。

基層管理者是決定企業成敗的關鍵。不僅是因為他們的管理方式和思路決定著基層團隊的績效，還因為他們履行著策略轉換和實施的職責。但是，很多基層管理者缺乏這一方面的能力，在執行職能的過程中，他們常常偏離高層管理者的規劃，最終導致距離企業目標越來越遠。

執行不力的現象在很多企業中都存在著，而且規模越大的企業，發生這類情況的可能性越大。為什麼會出現這樣的情況呢？原因很簡單，企業中普遍缺少真正優秀的基層管理者。企業要實現高績效，首先需要改變的是基層管理者。基層管理者的問題主要有兩個方面：

一是很多基層管理者是從以往團隊中的優秀員工提拔上來的，他們有著出色的個人能力，也贏得了同事的尊重。但是，他們缺乏管理經驗，對於如何帶團隊一無所知。更重要的是，儘管職位發生了變化，他們的內心之中卻並沒有產生多少變化。用一句流行語說便是「我們還沒有準備好。」對於他們來說，首要的問題是轉換自身的角色。

二是沒有掌握系統的團隊管理技能和方法。團隊管理是一門藝術，它是由多項管理技能組合而成的，決定著企業的績效和成敗。如果將一支團隊交付給一名毫無管理經驗的人，那將意味著這支團隊的失敗。

當你被提升為基層管理者時，你首先感到的是欣喜，但是一旦你投入到新的工作中去時，你會發覺迷惘將圍繞著你：如何配合企業的整體目標？如何對待以往一同奮戰的同事？如何處理團隊中出現的衝突？等等。你將發現這一角色的轉換使你的工作產生了天翻地覆的變化，甚至有的同事會因為嫉妒而不願配合你，一些人還會要求離開這支團隊。

這些基層管理者渴望得到一些切實有效的指導，很多人甚至誠懇的請求有人能針對他們的狀況設計出一門課程，「我們願意支付費用，只要它真的能夠幫助我們走出困境。」事實上，基層管理者所面對的問題集中在兩個方面：一是如何盡快轉換角色，二是應該如何工作。

很多基層管理者因為無法進行自我的角色轉換而遭遇失敗，儘管自身的職位發生了變化，但是他們總是無法進入新的工作角色，對於履行全新的職責存在著很大的問題。對於這樣一些人，他們必須理解優秀員工與基層管理者之間的區別。

傑克．威爾許對於員工與基層管理者的區別，曾經進行了很清晰的定位：「在成為基層管理者之前，每個人的成功只與自身的成長有關；成為基層管理者之後，成功則與他人的成長有關。」威爾許的這段話傳達了一個清晰的概念：基層管理者必定是那些能夠促進他人成長的人。

基層管理者要促進他人成長，就必須進行一個重要的改變：從關注自身到關注他人。當你是一名員工時，你需要做的是最大化凸顯自身的工作成果和業績。但是，如果你成了一名基層管理者，你需要提升的是他人的業績。

根本的原因在於：一名員工只需要對自身負責，而基層管理者則需要對整個團隊負責。

基層管理者應該如何工作，儘管很多管理學大師提出了很多方式和方法，但是真正有效的方法總是來自於一線的管理工作者，尤其是那些卓越的基層管理者，他們從基層員工成長為世界矚目的基層管理者，他們對管理的理解有著更多的可行性。

基層管理者的職責是堅持不懈提升自己所領導的團隊，並將與員工們的每一次邂逅都當作評估、指導和幫助他們樹立自信心的機會。

贏得成功的方法很簡單——擁有最出色的團隊。就像人們常常在比賽之前就已經知道哪支球隊會贏球一樣。誰擁有最出色的球員，誰就是最終的勝利者。因此，基層管理者的職責便是打造一支出色的團隊。要做到這一點，基層管理者必須在以下三個方面投入很大的精力和充足的時間：首先，作出客觀中肯的評估。讓適合的人去做適合的工作，對表現出色的員工進行更多的支持和獎勵，對不合格的員工則採取辭退或調職措施。其次，為員工們提供指導。優秀的基層管理者是教練，指正、引導和幫助下屬。只有不斷對下屬進行輔導，他們才能夠獲得成長，才能夠組建成一支高績效、高素養的團隊。最後，幫助員工樹立自信心。不斷讚賞你的員工，對他們表示尊重、關注和賞識。一個人是否具備自信心是決定其人生成敗的關鍵。同樣，一支擁有強烈自信心的團隊必定能夠戰勝缺乏信心的競爭對手。

基層管理者的職責是為團隊制訂一個夢想，當然，制訂夢想只是開始，作為一名基層管理者，還必須帶領團隊實現夢想。那麼，就必須使員工們認同這一夢想並圍繞著夢想開展一切工作。那麼，如何才能夠將夢想傳達給員工們並使他們對其表示認可呢？

首先要善解人意，很多企業在傳播夢想時過於僵硬，使得員工們無法將夢想與現實結合起來；其次，夢想必須具體、清晰，同時旗幟鮮明，能夠激發員工們的工作熱情；再次透過舉例說明的方式傳播夢想，這一方式可以使人們迅速、深刻記住你所傳達的夢想；最後，不斷重複你的夢想，甚至是每時每刻，堅持不懈採取這一方式，直到有一天所有的員工都已經接受並執行。

一個擁有積極態度的基層管理者總是能夠帶出一支進取、向上的團隊；相反，一個悲觀的傢伙只能帶出一支沉悶而缺乏競爭精神的團隊。因此，基層管理者的職責是與企業內部的消極觀念作鬥爭，培養員工積極的工作心態。這就需要基層管理者深入到員工中間去，真正關心他們正在做什麼，在他們遇到問題和挫折時，為他們提供必要的支援和鼓舞。

如何才能夠獲得員工的追隨呢？答案是贏得員工的信任。那麼，基層管理者就必須在以下幾個方面保持良好的記錄：首先，賞罰分明，只有公平、公正才能夠獲得員工們的信任；其次，以身作則，當你以行動來證實你所表達的一切時，你將贏得更多人的追隨；再次，崇尚透明，將企業內的一切公開化、透明化，使每個人的價值都得到充分的體現，讓員工感覺到切實的平等；最後，誠實守信，絕不將他人的功勞和出色的想法竊為己有，這一點很多人都無法避免，他們總是渴望將團隊的功勞歸結到自己頭上。

員工不是工具

有些領導者總是將員工看作完成任務的工具，例如：讓員工與我的觀點更加趨近、按照我的意圖去做事、更好完成任務、更主動與團隊的成員更好相處等。你應當相信，他們都有著自己的想法和需求，而且並不與你的思考角度重合。所以信任危機產生了。因此，不要把他當作你實施管理或者個人影響力的一個目標，把他當作他自己。

這裡有一則簡單的寓言故事來說明這個道理：

農夫的一頭驢子老的拉不動磨了，恰巧鄰居家做生意發了財，要搬到城裡去，便把他家那匹很年輕強壯的騾子送給了農夫。於是農夫便用這騾子拉起磨來，可騾子總是不聽話，不肯圍著磨轉，總是要往外跑，農夫為此想了很多辦法。起初是像對待驢子一樣，把騾子的眼睛蒙上，並用鞭子催趕牠，騾子倒是聽了幾天話，可沒幾天這招就不靈了。農夫又用草料來吸引騾子，拉上幾圈磨便餵上幾口，結果還是一樣，騾子總是望著門外不肯拉磨。農夫生氣了，便用鞭子不停的抽打牠，騾子終於有一天不堪忍受，脫開韁繩跑了。

騾子碰到了另一位農夫，他讓牠拉犁耕地，騾子覺得終於有了用武之地，儘管要比拉磨累，但覺得這才是自己應該做的事，於是每天都很賣力。時值春耕之際，在騾子的幫助下，農夫的地很快就都播種了。

第一位農夫為什麼想了很多辦法都不能把騾子留在磨旁呢？那是因為他沒有認識到騾子與驢子的不同，他一心只想著自己的磨，無論是給予草料還是鞭笞，都是為了讓騾子完成他的任務。但是當碰到第二位農夫之後，騾子想奮蹄而起的願望終於得以實現，牠做了自己想做的事，因此心甘情願。

其實，每一位員工都有自己的想法和需求，他不是完成任務或者你實施管理措施的一顆棋子。只有你了解這些，並採取一些必要的措施，他的能力才能被釋放出來。如果你只是把員工當作工具，那麼員工看到你就好像「陌生人」，沒什麼交情，沒什麼感情。他怎麼會相信你呢？只要幫你多做一分鐘，肯定會向你要加班費，絕對不會為你再多做一分一毫，即便是做了，那也是在強迫之下，做事的效率也是可想而知的。而你也許會認為他根本不重要，心裡面還會想，反正我有錢，到處都可以請到人。如果你真的這樣想、這樣做了，那麼員工對你可能非常不滿。我曾經聽說，有一個餐廳的員工處處在他的廚房裡面動手腳，讓客人吃什麼都出問題。結果他的餐廳都開不下去了。

將員工看作「他自己」，便意味著你不僅要了解組織的目標，還要了解員工的需求和想法並尊重他們，給予他們發展個人特長的機會，給予他們一定的空間按照自己的想法做事，包括給予他們足夠的重視，甚至盡你所能說明他們實現自己的目標。

沃爾瑪創始人山姆．沃爾頓曾經說過：「讓每一位員工實現個人的價值，我們的員工不應只是被視作會用雙手工作的工具，而更應該被視為一種豐富智慧的源泉。」「沃爾瑪業務百分之七十五是屬於人力方面的，是那些非凡的員工肩負著關心顧客的使命。把員工視為最大的財富不僅是正確的，而且是自然的。」因此，在沃爾瑪的整體規劃中，建立企業與員工之間的夥伴關係被視為最重要的部分。沃爾瑪向每一位員工實施其「利潤分紅計畫」、「員工折扣規定」和「福利」，如帶薪休假，節假日補助，醫療、人身保險等。

沃爾瑪尊重公司的每一個人，給員工最好的福利，它是透過平等相待做出來的。世界各地的沃爾瑪人，雖然背景、膚色、信仰不同，但都受到尊重。《財富》雜誌評價它「透過培訓方面花大錢和提升內部員工而贏得雇員的信任和熱情，管理人員中有百分之六十的人是從計時工做起的」。以沃爾瑪的經理例會為例，它通常邀請為企業經營動腦筋並提出好建議的人參加，哪怕他是一個計時工，也可以充分表達意見，參與討論，這說明了相信他；同時沃爾瑪鼓勵員工積極進取，雖然不完全看重文憑和學歷，但無論是誰，只要你有願望提高自己，就會獲得學習或深造的機會，這說明了教育平等。

這種以人為本的企業文化理念極大激發了員工的積極性和創造性，員工為削減成本出謀劃策，設計別出心裁的貨品陳列，還發明了靈活多樣的促銷方式。一個員工發現沃爾瑪原來的送貨上門服務可以由在相同路線的沃爾瑪貨車代替，這一建議為公司每年節省了一百多萬美元。

沃爾瑪尊重員工、視員工為夥伴，是因為其高層真正關注、重視員工，尤其是基層員工的建議和想法。也許有人會說，尊重員工，讓每一位員工實現個人的價值，我們也知道，沃爾瑪也沒什麼了不起的。這讓我們想起一個故事。曾經有一個人問得道高僧：「怎樣才能參悟生死，擺脫輪迴？」大師笑曰：「從善如流，諸惡莫做。」那人大叫道：「這不是三歲小孩都懂的道理嗎？」大師正色說：「是的，三歲的小孩都懂的道理，但八十歲的老翁也難以做到。」

正如無數的企業都有令人怦然心動的使命、理念和精神，但這些東西很少能夠內化為員工自覺的行為規範與奮鬥方向。企業文化差不多只是成了「貼在牆上的東西」，說的人和聽的人，都不會認真對待，更別說企業相信員工，員工信任企業了。致使企業內部的信任危機越演越烈。

在知識型員工占據多數的企業中，員工不只是企業盈利的工具，管理者不能僅僅把員工視為以滿足生存需求和物質利益為追求目標的單純的「經濟人」，而要注重員工對尊重、自我實現等高層次精神需求的追求。知識型員工受尊重的願望比基層員工強烈，管理者要學會對知識型員工的尊重、理解、關心和信任。此外，要重視員工的個性差異。以人為本，首先體現為尊重員工的個體差異並促使其發展，具體表現在要為每個員工安排與其個性相適應的角色與工作。同時，組織還應培養和保持一種自主與協作並存的組織文化，提高員工的活力和組織的凝聚力。要建立這種自主創新和團隊協作的組織文化，要求組織能夠為知識型員工提供與組織進行雙向溝通的管道，加強橫向的資訊傳遞和建立雙向的決策機制來提高知識型員工參與管理的程度。還要注意的是，企業除了給員工施加壓力和影響外，更應當關注員工的精神狀態和生活狀況。凡是把員工當工具的領導者是沒有辦法做好領導的。只有給員工充分的嘗試機會，並且鼓勵他們，員工才會用心的做事情。

領導者要重視員工，並把他們視為夥伴，並沒有想像中那麼困難。你要做的主要有三件事：每一熱情萬丈的描述企業願景，讓其成為所有員工都嚮往並願意為之奮鬥的目標。第二對員工的工作和為之付出的努力表示認可。成功的領導者經常對員工說五句話：「你做得對」，「我相信你」，「我為你感到自豪」等話語構成了員工力量源泉的金字塔，而且威力逐層遞增。第三讓每個員工都參與決策對他們將有影響的行動。有管理專家預言，由此產生的貫穿整個企業的群體力量和管理，必然會產生造福全體的成效。權力集中在少數人手裡，但思想不是。廣納良言和群策群力永遠是激發士氣的好方法。

把下屬當作「出氣筒」

不少的管理者都曾因心情煩躁，把自己的下屬當作「出氣筒」。有的下屬因此當場就和管理者爭吵起來，有的下屬因此泣不成聲，有的下屬因此怨恨與背離管理者，有的下屬因此忍受不了我們而離職，有的下屬因此無所適從，有的下屬因此不求有功但求無過，不再多言少語。

管理者們心平氣和之後也會為自己不夠冷靜的行為而懊惱和後悔。那麼，如何才能讓自己不亂發脾氣呢？

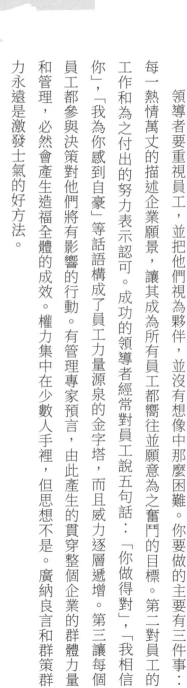

劉軍利是機械公司的銷售副總經理，儘管有時會對下屬發點小脾氣，但他並不是一個暴躁的管理者。不過，幾天前一次亂發脾氣，至今都讓他深為懊悔，暗暗在心中引以為戒。

一大早，劉軍利因為要多給父母一些錢的問題，和老婆吵了一架。摔門而出後，一路上看什麼都不順眼。劉軍利帶著滿腔怨氣來到了辦公室，看到工程部的趙經理正和下屬們聚在一起有說有笑，脾氣因此一觸而發。「趙朋，公司是請你來做事，還是請你來說笑話的？」平常都稱呼趙經理，此時是直呼其名，語氣嚴厲。「老大，我是在安排今天的工作呢。」趙朋委屈辯解，和下屬們一起用不明就裡的眼光看著劉軍利，都覺得今天的他有點莫名其妙。「老大，什麼老大！你以為這裡是黑社會啊？」劉軍利衝著趙朋越吼越凶。

每天為公司累死累活的工作，還要受怨氣，趙朋不做了，和劉軍利爭吵了起來。結果趙朋一氣之下辭了職，投奔到了競爭對手的公司，同時還帶走了幾個大客戶，處處與原公司作對。或許，不少管理者都遇到過與劉軍利類似的情況。你之後反省過自己嗎？又採取過怎樣的改變措施呢？

誰都會有幾分脾氣，我們也許可以將這個問題歸咎於脾氣和報復心，也可以歸咎於壓力過大、精神緊張，甚至可以歸咎於「自己不好過，別人也別想好過」的不健康心態。要提醒大家的是，一些看似在不同的平行線上運行的人與事，極可能因為一個「導體」形成交叉，產生危險。

那麼，誰又是激發矛盾與爭執的「導體」呢？答案就是：我們這些情緒的動物！

比如：你在路上和另外一輛車發生了一點摩擦，或者是在家裡和妻子吵了一架，在公司被老闆訓了一頓，或者在客戶那裡受到了刁難和委屈——都可能讓自己「帶電」。其實，「帶電」並不可怕，麻煩的是自己是個「導體」，而身邊的人卻不是「絕緣體」，一旦遇上就難免會「電擊」事件。

以前運行良好的幾條「電線」，現在卻雜亂的糾纏在一起，自然會大大的影響到「電路」

把下屬當作「出氣筒」

的運作，對管理績效產生極大的負面影響。所以，我們亟需實現的是，使自己由「導體」變成「絕緣體」。

每當你要發作的時候要提醒自己，下屬不是招進來罵的，而是請來協助自己工作，共同開創事業的，況且還有比發脾氣能更好解決辦法。所以，即使被自己的老闆和股東批評的一塌糊塗，即使剛剛與客戶發生偏激烈的爭吵，管理者也盡量不要鐵青著臉，見到下屬就吼。如果還是擔心自己會失控，你不妨衝進洗手間，用冷水洗把臉，迫使自己盡快冷靜下來。即使是因為下屬出錯而發了脾氣，管理者也一定要分清責任主體，不要讓員工受到牽連，以免發生信任危機。

尋找其他的發洩途徑。你可以向人訴說，傾聽者可以是自己的好友、親人，也可以是自己敬重的前輩、老師或專家，還可以是公司裡能夠讓自己聽進建議的人，甚至可以嘗試給電台節目主持人打個傾訴電話。事實上，倘若身邊就有自己很敬重的工作夥伴，許多情緒就可能好控制得多。比如：自從那個晚上的事件之後，每當再碰到類似的事情，由於有我在旁邊提醒，這樣的事情就再也沒有在我的合夥人身上發生過了。

同時，你可以去郊外感受大自然寬厚的胸懷，也可以去踢球、游泳、泡桑拿，甚至可以在辦公室掛上拳王泰森的畫像，有氣的時候，朝他揮兩拳。也可以到辦公室外走走。辦公室是開創事業的無限空間，但精神緊張、情緒易動的時候，它也可能成為禁錮思想、沉澱情緒、鑽牛角尖的糟糕地方。為此，心情煩躁的時候，我們可以嘗試到辦公室外走走，慢跑快走、抽根菸、喝杯冷飲，再或者是對著綠化樹、望著街上的行人發發呆，都可能對即將失控的情緒達到一定的舒緩作用。

管理者在辦公室亂發脾氣，實際上是把自己置身於企業之外。然而，一個企業不是靠發脾氣來管理和運行的，亂發脾氣對企業只會有害無益。

有些管理者或許會認為，發發脾氣有利於提高自己的威信，有利於鞭策員工們努力向前。在這裡，我們要提醒這些管理者的是，不論你是出於樹立威信的目的，還是習慣於將責任推給自己的部下，亂發脾氣只會傷害越來越多的人。不僅如此，那些令你認為發脾氣就有效的假象，還可能使你陷入這樣的糟糕境地：不自覺將發脾氣當作自己的管理風格，在下屬們逐漸產成「抗體」之後，為了更奏效，你的火可能就需要越發越大。最後，火大得把自己都給燒了。

第四章　痛苦的中階主管

人們往往會認為，中階主管的職責就是對企業策略的執行，但這並不完全正確。事實上，中階主管的執行會受到許多限制——在絕大多數的企業裡，對中階主管的考核經常要「看老闆臉色行事」。甚至，老闆會時時干預中階主管、防備中階主管、懷疑中階主管。

老闆對我不信任

企業經營管理中的中堅力量是中階主管，這些人對上肩負著執行決策、預期投資回報、確保實現企業經營管理計畫的重擔；對下承擔著對人力資源進行調度、使用和管理的責任，其業績的優劣，直接影響著企業經營管理的生產與發展。

事實上，不少老闆會對中階主管會發出諸如此類的感歎：

怎麼剛出差幾天就變樣了呢？我在公司的時候一切都好好的，那些中階主管都在幹嘛呢！

天天都忙死了，有哪個主管能幫上我的忙，為我分憂解難呢？

為什麼中階主管有權不用，連出門搭不搭計程車也要來問我呢？

公司為什麼總達不到理想的成效呢？那些中階主管為什麼就不中用呢？

……

在此，我們也要問你：是否想過到底是什麼在影響中階主管的業績呢？是企業文化？是培訓機制？是激勵機制？還是該將這一切歸咎於中階主管自身？任何單方面的判斷都將是錯誤的，身為老闆的你，同樣負有不可推卸的責任。

經過幾年的發展，天天樂食品貿易公司最近兩年的年銷售收入額一直穩定在三億左右。按理說，公司已經走上了正軌，老闆東方白在管理上應該輕鬆一些了。然而，事實並非如此。

東方白在市場巡視的過程中，透過隨機的抽查，發現某款產品的鋪貨率根本就沒有銷售報表上的那麼高，而且陳列的位置也不太好，在不少銷售網站，公司的產品都擠在其他品牌的產品後面，如果消費者不詢問賣場銷售人員的話，根本看不到公司的蜜餞。

東方白因此大為惱火，將歐陽經理叫進了自己的辦公室。「歐陽，你是什麼時候開始管銷售部的？」東方白問。「差不多半年前吧。」歐陽小心翼翼回答道。

「你為什麼總是這樣呢？」盯著臉色惶恐的歐陽，東方白劈頭劈臉一頓臭罵，「我不知講過多少次了，鋪貨率、陳列位置，你怎麼總是記不起來呢！你以前做業務員的時候，在這些方面不是做得很好嗎？你告訴我，報表上的銷售網站，你有沒有追蹤落實過？你平常有沒有認真進行過市場巡查？」

「有啊！」歐陽的回答有些不夠理直氣壯。

「那實際情況為什麼會那麼差呢？」看樣子，東方白真想好好教訓一頓歐陽。

歐陽其實也憋著一肚子的委屈，只是沒敢說出來。

家族企業天天樂食品貿易公司從高中階主管到財務、銷售等部門，都有老闆的親戚，除此之外，在歐陽的部門還有跟隨東方白時間比較長，資歷比較老的老業務員。

儘管歐陽很有能力，但來到東方白的公司後總覺得力不從心。一是手下的人動不動就越級彙報，而他卻似乎並不在意這些，也樂得聽取來自基層的意見，有時還直接給他們安排任務。二是歐陽針對公司產品的陳列位置、鋪貨率、虛假報表等問題，也使過一些狠招。可是，公司的幾個老業務員嘴上回答沒問題，實際上根本不聽從安排，一些老問題是屢犯屢說、屢說屢犯。

為此，歐陽想提高懲罰代價，但報給東方白和副總審批的時候，他們都以「懲罰太重，效果可能適得其反」而退了回來。歐陽也向東方白反映過想開除公司幾個老業務員的意見，除了幾個沒什麼利害關係的人被批准之外，另外幾個和東方白有親戚關係，「君臣情誼」比較重的人都被留了下來。

面對如此局面，歐陽的威信、業務上的執行自然大受影響。

人們往往會認為，中階主管的職責就是對企業策略的執行，但這並不完全正確。事實上，中階主管的執行會受到許多限制。在絕大多數的企業裡，對中階主管的行動經常要「看老闆臉色」行事。甚至，人力資源部會有專門人員負責對企業中階主管進行審查、評定和考核。

對於一個處於成長初期的企業來說，其管理權一般都會高度集中，往往就掌握在老闆一個人手裡；在進入快速成長期後，企業一般會經歷一個放權過程，判斷指標是一個經營年度中更多的決策將由副手及中階主管做出。

在一般的企業老闆看來，企業之所以能夠進入快速成長期，正是因為自己的決策或選擇的正確，而他的下一個選擇是，在進入快速成長期後開始放權給中階主管。然而，情況很可能並不像老闆們想像得那麼好，因為，中階主管一樣會認為自己為企業走上快速發展的道路立下了汗馬功勞。也就是被老闆們說成「忙瘋了」的那個階段，如果企業高層沒有良好規範，並以身作則，將會帶來災難性的後果。更可怕的是，不少的企業老闆尚不能清楚認識到這種後果！

在「老闆我功勞最大」的意識下採取的放權，自然還是以老闆自己為中心的，結果只能是這種放權根本維持不了多久，企業的權力又傾向於集中，其原因有以下兩條。

第一，就是我們剛才說的災難性後果，中階主管是在企業進入快速發展期後才開始得到權力的，而且他們一直被灌輸「功勞歸老闆」的概念，因此他們很容易會認為，「企業只是老闆自己的，永遠不是我們的」。於是，中階主管此時只會有以下兩種選擇：要麼用力為自己撈取利益，要麼甘於碌碌無為。而後一種又會引發老闆對他們的不滿，開始收回本來已下放的權力。

第二，老闆們同樣也在小心翼翼觀察著中階主管的表現，並且大部分人都習慣用自己的眼光和標準去看待中階主管的行為。我們經常見到老闆們盯著中階主管做事，出個小問題就喝斥一頓。其實老闆也會想「我幹嗎這麼累？」於是，他們不久就會「把職責和權力收回自己手裡算了」。此時，企業進入了業務平穩期，大部分事務依然靠老闆的全權決策；老闆的確很想讓業務水準再上個台階，可就靠自己一個人，太難了！於是，企業不久就會重蹈覆轍：由於的個人化色彩太重，最終人去業亡。

然而，企業的權力不是那麼純粹的集中，或始終向集中方向發展的，其間必然會經歷老闆、中階主管及其他人（如老闆的親屬）參與的鬥爭，於是，從短期看，權力集中的曲線是忽上忽下的——老闆的好惡所致，權力的散與合在幾天時間內都會變化好幾次。

企業老闆們應該學會用更精細的眼光看待中階主管的行為，以及潛藏在他們行為背後的東西。對於中階主管來說，僅有知識是不夠的，他們的執行力來自素養、心態和觀念的混合體。

真正的執行力其實就來自兩方面：一是知識技能，二是素養、心態和觀念。知識技能可以透過日積月累的學習來擁有，學到的都是自己的；但執行者的素養、心態和觀念卻會不斷變化，甚至可能毀於公司不良意識的影響。

成為專制的犧牲品

我們不能否認的是，有些企業老闆的家長專制作風強悍，喜歡大搞一言堂，這不但禁錮了中階主管的主觀能動性，還限制了中階主管潛力的發揮，並迫使他們依附在老闆的權威之下。無疑，這些中階主管不幸成為專制的犧牲品。

這是建立在老闆剛愎自用，或在潛意識裡不信任員工能力，再或者是擔心中階主管將事情弄砸的心態上的。也就是說，不管中階主管的工作是多麼的出色，在主管業務及管理上具有多大的能量和潛力，老闆都難以允許他們放開思路和手腳，積極和富有創造性的各抒己見、開展工作。

如果哪個中階主管敢在某些方面冒犯老闆，老闆就可能基於自己的經驗及意識做出判斷，對他們的說法進行批評，如果中階主管又出差錯的話，還可能成為老闆在大會、小會上批評的典型。久而久之，意識到多說多錯，少說少錯，不做不錯的中階主管們，可能將不同的想法放進肚子裡去，一面迎合說是，一面豎著耳朵等老闆做出決策發出命令。

中階主管的創見及積極心態，就這樣被老闆強硬的逐漸的扼殺，在他感覺很疲憊，又無人能為他分憂解難的同時，中階主管們也始終難以實現老闆對他們的希望。

也有的老闆自認為對所有的中階主管一視同仁，但實際卻是與性情脾氣相投的中階主管走得很近，而與那些只知道悶頭做事不善經營的中階主管保持著就事論事的上下級關係，從而使這些中階主管感到了孤立的寒意，逐漸失去與企業一起成長的信心。

某公司的市場部經理戰先生是個善於思考、極富創新精神，但卻不善言談，也不喜歡在工

第四章　痛苦的中階主管

成為專制的犧牲品

作之外與公司的領導者、同事打成一片的人。可是，這並不代表他就是一個對老闆的疏親不在意的人。

相反，當見到公司吳總叫上銷售部幾個中階主管經理出外遊玩的時候，戰先生時常會產生功勞不小，卻受重視太少之類的失衡心態。於是，他的工作態度慢慢發生了改變，一切不求更好只求過得去就行了

事實上類似戰先生這樣的事例並不少，它們通常都是老闆因忽視與不同中階主管的疏親細節而不自覺養成的壞毛病。然而，老闆們真正關注和重視過這些細節嗎？

更有甚者，有些老闆對那些極富成長潛力或已經相當出色的中階主管，不是根據其能力和貢獻的大小，做出職位、薪酬和激勵的嘉獎性調整，而是將他們作為自己與企業內部的強勢勢力「拔河」的犧牲品。

在家族企業或派系鬥爭明顯的企業中，這種現象較為普遍的存在著，並極大影響了中階主管的成長、成熟及穩定。

天道公司是一個家族型的企業，從主管行銷的副總到中階主管，有許多人都和老闆沾親帶故。而東方先生是這家企業中為數不多的「外來中階主管」之一。

憑著自己做城市經理期間的出色表現，東方先生得到了老闆的賞識，當然，老闆把他推上了A區經理的位置。東方先生也不負老闆重望，上任四個月，銷售回款就達到了上一年度全年的水準。但在此期間，東方先生的頭頂已經開始烏雲彌漫，先是身為A區前任區域經理的副總對他不滿，從促銷員的招聘到廣告、促銷計畫的審核不斷刁難他，接著又有風聲說公司準備派一位「皇

親國戚」將他取而代之。

東方先生的精力開始脫離對市場的專注，而慢慢陷入了企業內部的權術鬥爭。但他最終並沒有打贏這場仗，因為老闆無法因為他一個人，而與公司內的家族勢力產生矛盾。

東方先生只有辭職，隨他一起離開的還有一群與他身分類似的無望中的中階主管和漸感心寒的業務骨幹。

你從這個案例中看到了自己的影子嗎？

有的老闆認識到了放權的益處，但在放權之後卻不去維護中階主管的權威，使他們難以具有威信和執行能力；或者是過於放任中階主管，對他們缺乏監管，使他們無法按老闆設定的方向和速度奔跑，成了脫韁野馬。

有這樣兩位老闆。一位老闆一邊對他的一個中階主管說：「今後這樣的事情你做主就行了，不用來請示我」，而另一邊，卻經常無論過失大小，當著大家的面將中階主管批得不敢抬頭，還默許和接受一些希望升遷的基層員工向自己越級彙報，甚至經常單獨給他們安排工作。如此情況下，被架空權威的中階主管形同虛設，因為擔心下屬越級彙報不同意見，招來老闆過問，中階主管做事變得小心翼翼、畏首畏尾，甚至不敢大聲向自己的下屬安排工作，檢查工作成果。

這樣一來，他們還能信任企業嗎？

另一位老闆不但授權給中階主管，甚至還對他們達到了驚人的信任。他每天很少在辦公室出現，大多數是透過電話遙控公司營運。於是，公司裡常常出現一些中階主管出外辦私事的情況，而且中階主管們對工作細節也疏於維護清理，對下屬疏於管理，使企業處於極大的鬆散和信任危機當中。

試想，有變質為放任的信任籠罩在頭頂上，中階主管們能在缺少了約束的企業之中得到提高嗎？

老闆本是個善於識才、任人唯賢的企業負責人，但當他將某個職員推上中階主管的位置進行歷練，並希望他能成長為自己的左膀右臂的時候，卻忽略了這位中階主管要成長為企業的頂梁柱，還需要助手的輔佐。這既可能使一些具備優秀潛力的中階主管「夭折」，也可能使老闆在「用人」上多花很多學費。

得勝公司企業發展部經理助理小白是個具備兩年銷售經驗，並在市場規整方面頗具創見的年輕人，很有發展潛力。得勝公司組織結構調整期間，企業發展部負責人出現了空缺，老闆就將小白提上了中階主管的位置，既是對他以前工作的嘉獎，也希望他能在更重要的位置上成為一個出色的中階主管。

但後來的實際情況是，小白甚至沒能成長為一個稱職的中階主管。

主要原因是，企業發展部的成員大多是年紀比小白大，資歷比他深的老員工，「嘴上缺毛」而身邊又缺乏強人輔佐的小白，無法對他們進行有效的調度與管理。在這樣的情況下，小白的自信逐漸喪失，管理「智障」也越來越大，老闆將他培養成一名出色的中階主管的設想最終打了水漂。

誰在影響中階主管？

在企業中，最能對中階主管成長造成影響的往往並不是老闆。儘管老闆和副總可能因各自身分的差異，與中階主管工作、生活接觸深度的不同，而在影響中階主管成長的細節上存在一些差別，但在諸如放權、與中階主管關係的親疏等前述的諸多方面，卻是有著較為廣泛的共通性的。而是在工作中與中階主管接觸更密切、聯繫更深入的副總。正是因為他們與中階主管靠得較近，故其一言一行都可能對中階主管產生影響。而在家族企業中，副總與總經理的親情、友情關係，更在其職務身分之外，為這種影響增加了更多的可能。

副總並不擁有老闆的「天然權威」，與中階主管們難以在身分距離上劃出鴻溝，所以，中階主管們可能會潛意識抱有「副總都……樣」的想法，並以副總的馬首是瞻。不過，那些以身作則意識不強的副總需要注意，別讓中階主管好的沒學到，卻把自己的缺點學了去。比如：副總因為應酬或貪睡常常上班遲到，中階主管們就可能看準這個習慣，只比副總早來幾分鐘，跟著遲到。再比如：副總工作比較拖拉，中階主管們就可能逮著這個弱點，手上的任務能拖就拖，結果，公司上下拖延成風。

儘管有一幫中階主管受副總的直接領導，但副總並非在每個中階主管所負責的業務上都很在行。在這種情形下，受身分決定，副總不得不比老闆更關注過程，如果在鑒別能力上再有所欠缺的話，那些有袒護下屬習慣的中階主管們，就可能和下屬一起抱著「無所謂」的心態做事。在這樣的情況下，中階主管們就難以在工作上再信任公司了。

比如：某公司企劃部向主管行銷的副總上報了一些平面宣傳計畫，而副總會不自覺以自己的偏好來做出判斷。因此，為了提高通過率，企劃部中階主管所上報的設計稿，所注重的可能更多的是如何迎合直管副總的喜好，而非消費者的喜好。

副總以為自己有能力實現向中階主管們許下的承諾，但在事實上，當副總將承諾通氣給老闆，並希望他能夠做肯定回答的時候，得到的卻是「否」。如此一來，副總的失信就可能打擊中階主管們的工作積極性與創造性，從而影響他們對企業的信任。

身為V公司股東的周副總的經歷就是這樣一個例子。周副總在聘入市場部經理小武的時候，曾對小武拍著胸脯說過，「在我們公司，員工待遇是很豐厚的，除了底薪三萬元，還有每季度銷售回款的千分之一作為紅利。」

小劉進入V公司工作後，將周副總的話當了真，不計報酬、加班的努力工作，出好方案，以從周副總的承諾中分到一塊更大的起司。然而，小劉的奉獻精神、積極負責的工作態度和對下屬一絲不苟的嚴格要求，很快發生了極大的轉變，他甚至還帶著下屬在外面做起了兼差。而其中的原因就是，小劉進公司半年以來，公司對那千分之一的紅利絲毫沒有兌現的意思。

再後來，經向周副總求證，小劉才知道公司老闆已經不再同意每季度按千分之一的比例發放紅利了，而周副總之所以沒有將這個消息及時告知給大家，也是怕尷尬，而能拖則拖。不過，周副總又給出了一個發放紅利的新期限——「再等半年一定兌現。如果公司不發，我私人兌現給你們。」但是，小劉及客服部經理等中階主管們已經對此不抱多大希望，只能得過且過，撐到半年後看結果了。

如果副總不是公司股東，也沒有和老闆沾親帶故，就常會認為自己也面臨著很大的競爭威脅，為此，副總如履薄冰，甚至還會發生同中階主管們搶功勞的事情。這樣一來，副總手下的中階主管們要麼不再積極如往，要麼就對副總樹起一道「戒心屏障」。事實上，和自己的下屬搶功是一件近乎愚蠢的行為，一個出色的高級管理者應該是一個永遠都能為下級著想，甚至幫助下級「出頭出位」的領導者。副總將轄屬的每位中階主管都帶成「一名出色的管理者＋一名完成乃至超越利潤指標的員工」，才是最大的成功。

副總在工作中的表現可能無可挑剔，但千萬不要大意自己在工作時間之外的一言一行，因為這不僅可能會使中階主管對自己不再信服，還可能抑制和打擊中階主管的信心。

左右逢源的張副總長著一副彌勒佛，頗得人緣和下屬的擁護。但是，慢慢這種情況發生了改變。細究其因，竟然是張副總與中階主管們在工作之外的相處中發菸的習慣。原來，自認為在與中階主管們的距離上拿捏得恰到好處的張副總，在工作內外都養成了謙和中藏有威嚴、嬉笑中保持距離的習慣，並表現在了一些日常細節中。比如：在與中階主管們玩牌、喝茶的休閒時刻，張副總的發菸習慣經常是：面朝著左邊的小召，一隻手將要發給右邊小祥的菸微舉過肩頭，欲迎似拒的等著小馬拍馬過來摘取。這樣兩三次，領教過張副總發菸習慣的小召、小祥等中階主管，總覺得自己是在接受別人的施捨，在張副總親和的面具後，藏著的是高傲的架子和虛情假意。

如此心境下，原本打算跟著張副總好好做的中階主管們，也開始在心裡打起了小鼓，在工作上對張副總及公司漸漸不信任了。

除了以上內容之外，企業高層還存在許多足以對中階主管成長產生影響的因素。比如企業高層的誠信，自己的再學習態度，工作外培訓。高層排擠優秀中階主管，只向中階主管壓指標卻不關心對中階主管身心及生活帶來的傷害等等。它們再一次向企業高層們提出了信任危機的警告。

如老闆自知難改剛愎作風，就不妨適當降低企業權力的集中度，將那些可能導致與中階主管接觸過多的權力分散給副手，以弱化自己與中階主管們的頻繁接觸所帶來的負面影響。如果老闆已然疑心病頗重誰也不信任，弄得公司裡人人自危，老闆就要減少親自上陣的頻率，轉而安排自己信得過的人透過隱蔽的方式通風報信。相對老闆扯起「懷疑一切」的旗子，其他人因懷疑而給中階主管的造成的打擊可能會小很多。

作為一個管理者，要想獲得更大的成就與發展，就必須獲得下屬的支持。要想獲得這種支援，就要去了解下屬們的想法和需要，給他們安全感、尊重感、信任感。老闆應該著力給予中階主管絕對的信任，而不是以不分場合的批評、接受越級彙報和越級管理來顯示老闆的權力。

老闆既要完善企業權力制衡的治理結構，同時也要接受制度的約束。如此，從老闆做起，「制度管人」必會更好推行。此外，為了表現對中階主管的充分信任，老闆不妨暫時離開公司一段時間，有意識讓他們獨立行使經營管理權。

老闆千萬不要因為某個中階主管曾經表示不熱衷於休閒娛樂，在組織中階主管們一起娛樂的時候就不再邀請他參與，在許多時候，哪怕老闆向這個中階主管禮貌性的問一句「你是不是一起去」，也會對「被孤立」的中階主管的成長產生有利影響。同時，老闆還可以透過獎金、贈送禮物、主動溝通等方式，來彌補自己平常對某個中階主管的不信任。

如果企業中存在家族等強勢勢力，老闆就要及時分化他們；如果暫時分化不了，就要盡力頂住來自他們的壓力，將自己中意的中階主管培養成能與強勢勢力形成良性競爭的另一股勢力，而不是輕易的就將他們作為企業內權力鬥爭的犧牲品。對於那些資歷欠缺、潛力優秀的年輕中階主管們，老闆應該為他們安排可以有效調度下屬的管理輔佐人，而不是將其隨意放於鯊魚眾多的海面，任憑風吹雨打、險象環生。

到底聽誰的？

居住在森林裡的一群猴子，牠們每天太陽升起的時候外出覓食，傍晚的時候回去休息，日子過得平淡而幸福。

有一天，一名遊客穿越森林時把手錶掉在了樹下的岩石上，被一隻猴子撿到了。這隻猴子很快就清楚了手錶的用途，牠於是成了整個猴群的明星，每隻猴子都漸漸習慣向牠請教確切的時間，尤其在陰天或雨天的時候。整個猴群的作息時間也由牠來規定。這隻猴子逐漸建立起威望，最後當上了猴王。

猴王知道是手錶給自己帶來了機遇與好運，於是每天不停的在森林裡尋找，希望能夠得到更多的手錶。皇天不負有心人，牠果然相繼得到了第二支、第三支手錶。但出乎意料的是，得到了三支手錶反而有了新麻煩，因為每支手錶的時間顯示都不太相同，猴王不能確定哪支手錶上顯示的時間是正確的。群猴也發現，每當有猴子來詢問時間時，猴王總是支支吾吾回答不上來。猴王的威望大降，整個猴群的作息時間也變得一塌糊塗。只有一支手錶，可以知道是幾點，擁有兩支或兩支以上的手錶並不能告訴一個人更準確的時間，反而會讓看錶的人失去對準確時間的信心。這就是著名的「手錶定律」。

「手錶定律」帶給老闆們一種非常直觀的啟發：對於任何一件事情，不能同時由兩個以上的人來同時指揮，否則將使這個人無所適從。

在上面的故事中，猴王其實是被「多頭領導」了。而這種「多頭領導」的現象，在現實的企業管理中其實並不少見，尤其是在私人企業管理中，這種現象更為普遍。

多頭領導現象的出現，並不是因為管理制度的犯規，真正的原因是人們潛意識中的階級思維在作怪。這種觀念使下屬不敢得罪那些越位領導的上司，而擁有權力的上司因為下屬的這種畏縮，就變得更加肆無忌憚，對什麼事情都要插上一手。

要知道，任何管理中都是存在階級的。即使是號稱壓縮了管理層次的扁平化管理，也仍然存在著「階級」。

西方的管理模式也不例外，為什麼在西方的管理中這種多頭領導的現象比較少見？真正的原因是，在西方人的階級的意識並不強。在他們看來，清潔工與總裁是平等的，他們的差異只在工作上，而沒有地位上的不平等。即使是老闆本人，如果越位去管理清潔工的工作，清潔工也不會聽從他的意見，因為清潔工只服從於直屬上司。其實，任何一種管理方式都未必是全然合理的，也未必不是高效的。問題在於管理者的態度與處理方式如何。

多頭領導表示這個專案是集體領導的，可以集中多人的經驗與智慧。古話說得好，「三個臭皮匠，頂個諸葛亮。」再聰明的人也有自己的短處，相互間取長補短，互補互足，則能夠共同受益，共同成長。

但是這裡面隱藏著信任的危機：

一是領導者之間沒有統一的口徑與決議，這樣就讓下屬很為難。到底聽誰的？聽誰的都需要，但是往往這些決議是有衝突的，這就導致了下屬的無從執行。即使下屬勉強為之，效果也已經大打折扣了。由於相互間的利益或者是矛盾引起不能精誠合作，影響了公司策略目標的最終實現，這是典型的多頭領導的惡果。

二是雖然領導者之間有統一的決議，但在企業中有這樣的現象，說的時候都「好好好」，如果後面是成功的話自然沒有問題；但是臨了出了問題的時候，都會把自己分內的責任推卸的一乾二淨。就國外情況而言，下屬已經盡了力了，而且由於諸多客觀條件影響確實沒有將工作完成得很好，那就沒什麼了。

其實一個決策的成敗，始終取決於領導者。策略或者方向不對，肯定是領導者無能；下屬能力不足或者態度消極，當然是領導者用人無方；專案資源不足，自然是領導者在企業的地位不那麼重要或者專案本身就沒有多大效益產出。但是，由於人際關係是複雜的，官場的哲學也非國外所能相提並論的。

一個聰明的中階主管領導者，在遇到多頭領導的問題時，一般都會抱怨委屈，信任的危機便由此而產生。通常來說，中階主管在工作中遇到多頭領導時，並且互相矛盾的情況下，他們多數不會信任公司及公司老闆，這就是「聽領導者的，做自己的」。不管領導者怎麼說，都不駁斥，以示對領導者的尊重，其實他們的內心深處並不尊重他們。具體工作的時候，則拋開領導者的各種指示，選擇最有利於完成專案的那個方案。如果不管怎麼選擇，都會得罪其中的一位領導者，那他們就會權衡利弊，選擇那個利最大、弊最小的方案。因為領導者要面子，員工要生存。

遭遇「夾心餅乾」

「夾心餅乾」現象在很多企業裡都出現過，總部對區域總經理授權的過度與不足都會造成夾心餅乾。一些大型企業對於區域分支機構由於集權與信任的原因，總是不能給予足夠的權力，導致這些機構的負責人左右為難。更有甚者，安排所謂的大中華區、亞洲區進行權力的監督與審核，使得分支機構的負責人如坐針氈、坐立不安。只不過，表現不同的是，過度授權導致夾心部分權力和利益的急劇膨脹，在一個相對靜止的空間（權力的過度快速膨脹與企業相對成長空間之間）中，會導致兩頭的餅乾破裂；相反，則導致區域總經理沒有充分的權力調動相應的資源，達不成企業目標，迫使資深主管選擇投機。

碰到天花板

「不肯久居人下」，這話曾激勵了古代無數豪傑揭竿而起。現在，在公司裡，不少人的理想也是這樣，當有了經驗和資源就自己拉出一攤來做，或者乾脆把自己所在的部門控制起來，建立獨立王國，讓總公司針扎不透水潑不進。有的人是在外地開分公司形成自己的勢力；有的是因為掌握公司某種重要資源。某知名的大型IT集團，因出現在電子企業百強榜首位而成名，旗下擁有眾多上市公司和業績不俗的地方企業，削藩之舉一度受到重重阻礙，形成了「周天子」的局面。及至強人上台，出兵平亂，雖整編有效，但也傷了不少企業的元氣。作為老闆，絕不希望看到手下大將和底下人打成「一鍋粥」，更不希望看到的是，大將領著手下人打成一片，來對付自己。

一些公司的負責人為了避免區域割據，只好頻繁的調動區域負責人來緩解壓力，彌補制度的缺失與權力的不平衡。在N集團，機構調整幾乎每半年就要來一次，N集團的中高層、二級公司，各三級公司的總經理也均由黃光裕親自任免。原N集團副總裁何炬，在為N集團效力的十餘年中，作為黃光裕曾經的得力幹將之一，在N集團的擴張中立下了汗馬功勞。他先後擔任過常務副總經理、N集團總經理等職，即便位高如他者，也必須學會適應被隨意的調來動去。H分公司因為分公司經理有「不聽從黃的指令」的嫌疑，整個分公司從總經理到副總經理等十多人都被全部換血。這種情況早在S分公司也上演過。

英雄人物往往在任何時候都會審時度勢，使局勢更適合自己。在N集團，張志銘顯然不具備這樣的掌控力。N集團電器發布公告稱，副總裁張志銘已經向公司辭去執行董事的職務，辭呈從當月底生效。近幾年來在N集團電器風聲水起的日子突然戛然而止，不知道張志銘在遞交辭呈報告時有何感觸。一個勤奮、穩健、幹練的N集團操盤手，一個聲名顯赫的人，卻在N集團電器事業的巔峰突然拋卻頭上的所有光環，投身於以前並不熟悉的地產行業。除了疲於奔命不堪重負的原因外，黃光裕的霸權同樣讓他不敢奢望有更大的空間可以發揮。而且在企業運作上具有無限掌控力的張志銘，在自己命運的把握上則稍顯漂浮。即使是在留在N集團電器還是去鵬潤地產的問題上，也許張志銘也沒有多少發言的權力。

黃光裕之所以能毫無顧忌的「換人如換刀」，主要原因是，他不相信任何一個人，不能容忍經理們建立起自己的地方勢力。這種調整在內部人員看來，變革的實質不是為了強化管理流程，似乎更是為了進行人事鬥爭。如此的企業還談什麼相互信任？

現在有這樣一批高層資深主管，他們曾在操盤手的位置上成功輝煌，但當浮華盡去，曾經的一切成為歷史後，或被免職，或主動出走。他們離開的原因有著種種不同，但他們的未來命運因同樣的不確定性。他們離開其中很重要一個原因是失去上升的空間，碰到天花板了。

欲望放縱何時休

擺架子的領導者不僅上下級關係搞不好，下屬對他也不會有多少信任。

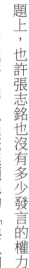

在企業裡，你是不是經常會聽到這樣的議論：「嗨！我們這個公司的領導者，官雖然只有芝麻粒大，架子擺得倒不小。哼，他越是這樣子，我們就越懶得理他。」「你們公司的領導者講起話來怎麼是那個樣子，真讓人受不了。」

儘管人們並不喜歡愛擺架子的領導者，但這樣的領導者不少，這些人不僅領導者與領導者之間關係難處，而且領導者與被領導之間關係也難處。愛擺架子的領導者表現為以下兩點：

一愛擺架子的領導者總是和基層員工保持一點距離。平時緊繃著臉，輕易不下基層，輕易不接觸員工，他們把和員工開玩笑、打成一片看成是有損領導者威信的事。有時在現場能了解的問題，愛擺架子的領導者卻總是安排他人到辦公室來向他彙報，問東問西，還不時提些問題，以顯示領導者的氣度和水準。

二愛擺架子的領導者總是以為自己比別人高明。領導者之所以能成為領導者，就是在某些方面比別人高明一些。但是，有些人卻將這一點過度絕對化了。不是認為自己高明一點，而是認為自己要高明得多；不是認為自己在某個方面要高明，而是在所有的方面都高明，這種缺少自知之明的心理所產生的結果，往往適得其反。

伊藤洋貨行的總經理岸信一雄是個經營奇才，董事長伊藤雅俊最終將其解雇。戰功赫赫的岸信一雄突然被解雇，在工本商界引起了不小的震撼，輿論界也以輕蔑尖刻的氣批評伊藤。

熟知內情的人都為岸信一雄打抱不平，紛紛指責伊藤「過河拆橋」，將「三顧茅廬」請來的岸信一雄解雇，是因為他的智慧、幹勁給全部榨光了，已沒有利用價值了。

岸信一雄是伊藤從東食公司挖牆腳挖到伊藤洋貨行的。因為伊藤洋貨行以從事衣料買賣起家，對食品部門的管理及銷售方面都比較弱，所以伊藤才會從東食公司挖來一雄，東食是三井企業的食品公司，一雄對食品業的經營有比較豐富的經驗和能力。有才智有幹勁的一雄來到伊藤洋貨行，宛如給伊藤洋貨行注入了奮進的催化劑。事實上，一雄的表現也相當好，貢獻很大，幾年間將業績提高了幾倍，使得伊藤洋貨行的食品部門呈現出一片蓬勃的景象。

伊藤和一雄從一開始在工作態度、對經營銷售方面的觀念即呈現日極大的不同，隨著歲月增加，倆人之間漸漸出現了信任危機。一雄非常重視對外開拓，常多用交際費，對下屬也放任自流，這和伊藤的管理方式迥然不同。

伊藤一切以顧客為先，是走傳統保守路線的，不太與批發商、零售商們交際、應酬，對下屬的要求十分嚴格，要他們徹底發揮自己的能力，以嚴密的組織作為經營的基礎。伊藤當然無法接受一雄的豪邁粗獷的做法，強烈要求一雄改善工作方法，按照伊藤洋貨行的經營方式去做。但是一雄根本不加以理會，依然按照自己的方法去做，而且業績依然達到了伊藤洋貨行想也不敢想的水準。充滿自信的一雄，就更不肯修正自己的做法了。他居然還明目張膽的說：「一切都這麼好，說明這路線沒錯，為什麼要改？」

為此，雙方的意見分歧越來越嚴重，信任危機也到了不可收拾的地步，伊藤對一雄不會容忍他這麼目中無人，於是乾脆痛下「殺手」把他解雇了。

為什麼有的領導者愛擺架子呢？這是由於在一些人的內心深處，形成了濃厚的階級觀念，將人分為上中下幾等，覺得官當得越大，似乎就越是高人一等。他們如果當了官，就洋洋得意忘乎所以，情不自禁的顯示出比別人高出一等的樣子來。

從領導者的威信方面來說，那些借助本人的真才實學、高超的業務水準和工作能力，與眾人建立密切的感情關係的領導者，威信越大。而那些借領導者的資歷、官職的大小、常擺出一副官樣的領導者，其威信越小，容易成為孤家寡人。過度突出自我，藐視他人的存在，嚴重脫離下屬員工，這不是現代領導者的做派。作為一名現代領導者，還是少擺架子為好。

在會議上，某公司的老闆又發火了：「你們怎麼辦事的？我一個可以頂你們十個……」其實，在這個公司被老闆訓斥已經成為每一位想留下來的員工的必修課。強勢老闆，培養奴性文化。有這麼一種說法，征服慾是男人的一種天性。這個公司的老闆正是這種慾望的放縱者。老闆畢業於某知名大學，在廣告行業稱得上是一個全才：文案、企劃、設計樣樣精通，企劃總監、行銷經理、品牌顧問等都可以勝任。真可謂強勢強能，銳不可當。

能人多做事。這個老闆事必躬親，每次提案一定親自出馬。就算簡單的海報，單張創意、設計也要親自把關；一個活動從聯繫業務、企劃到執行總少不了他的指揮。到頭來，搞得團隊心煩氣躁，新業務沒拉到，老客戶還又萌生去意。這樣員工更遭批評，從創作總監到執行總監，從前台接待到文案，公司上上下下，一個個被批得面紅耳赤。

現在，這家公司產生了兩種現象：一方面，給了那些對工作沒有熱情的員工和能力有限，不敢輕舉妄動的員工以濫竽充數的機會。大家聽從老闆，誰還管這些沒做事的小職員啊！另一方面，公司的人員流動現象很嚴重，年輕氣盛的創意新人無法忍受這屈辱的生活。才華橫溢的設計精英信奉「到哪裡都是主角」的豪語，甚至前台接待也換了一茬又一茬。留下的，都是那種「久經罵場」的「忠誠軟弱之士」。長此以往，公司的員工養成了「打不還手」、「罵不還口」的習慣，老闆有理無理都是真理，員工見到老闆，就像老鼠見到貓一樣，立刻埋頭苦幹。信任的危機相當明顯。

這種現象可以將其定義為員工的「奴化現象」。如果把這種現象看成企業文化的一種，甚至可以定義為「奴性文化」，是員工從心底裡透出來的順從和畏懼，老闆與員工之間沒有一點真誠，哪裡來的信任？這是由強勢、專制的老闆和「苟且偷生」的員工共同培養而成的。奴性文化主導下的企業，對錯全憑老闆一己之見。不僅如此，老闆基本上確定了每一個銷售區的運作策略，員工只是對這種策略的具體化和執行。所謂創意，實際上就是老闆創造之意。團隊協作，通常就是大家「不約而同」的「想老闆之所想」，投老闆所好而已。這樣，老闆在個人崇拜中陶醉，員工創造力在懶惰中消磨。

我們知道，人才是企業的核心競爭力，人才的品質基本決定了公司的創作實力。奴性文化主導下的企業的員工是極不穩定的。高的員工流動頻率，必然導致高的人力資源成本，以及公司信譽下降，這樣怎麼能吸引優秀人才呢？所以，處處充滿信任危機的企業，既不能培養、提升在職員工，又很難吸引和招納優秀人才。企業的競爭力根本無從談起。

外來和尚難念經

有句古話：外來的和尚會念經。但是誰也無法保證職業經理們對成功經驗的移植不是揠苗助長，誰也無法確定原有公司對外來管理者能接受到什麼程度。請外來和尚來念經，弄不好就是個兩敗俱傷的結局：公司一蹶不振，職業經理聲名掃地。

原因是：一位成功的企業家未必對權力遊戲感興趣，但他最終必須能順應公司權力遊戲的規律，否則他將不能掌控這個企業。無疑，最頂級的公司權力遊戲是公司所有權與控制權的爭奪，股權越大權力越大，而控制權主要體現為可撤換最高管理部門，參與公司董事會，在諸如合併、展業、公司的擴大和利潤策略的大規模改變等問題上影響重大決策等等，基本上可歸為公司治理結構層面的權力遊戲。

在一個公司中，處處上演著高管與董事會的代表董事長或公司老闆之間的權力遊戲，以及管理層之間的權力遊戲。從老闆、董事長的角度，如何授權並能達到權力制衡是其高超的領導者水準的體現。而作為經理人，要權、用權則須有高明的技巧，同時在權力與責任之間要保持平衡，才能更好行使權力。有些經理人根本沒有認清這種關係，即高管層永遠僅是代理人，與企業所有者只是一種委託關係，你不是老闆也別想代替老闆。業績出眾也好，或者其他方面也好，當你的權力或者權威大到一定程度，超過老闆時，你就得走人了，表象是功高震主，本質是權力博弈的結果。

儘管關於空降部隊的爭論一直在持續，但是企業對空降部隊的熱衷卻絲毫不減。從公司外部空降資深主管正在形成一股潛流，越來越多的企業選擇空降部隊，但是往往結果差強人意。可口可樂公司、ABB 公司都是如此，那些深陷絕境的醜聞公司則代表著一種極端情形——沒有選擇的選擇，內部人不敢相信，只能對那些成功的外部人士更加信得過。

職場上的空降部隊是指當公司遇到困境或業務變更時，從組織外部請來擔負挽救公司命運或承擔新業務開拓重任的優秀的資深主管。但是無數事實證明，這些空降部隊們往往很難實現軟著陸，落地之後水土不服，束縛重重，陷入企業內無休止的紛爭，不能集中精力來改變企業現狀，最後只能因業績不佳黯然離去。

空降部隊過大的權力當然會有硬幣的另一面，它使得企業高階主管難以聽進別人的意見。事實上，在現代企業制度遠未到位的情況下，依靠一兩個空降部隊的能量推動改革，其難度勢比登天。

雖然我們提倡柔性管理，但目前的企業又確實不能離開經理人管理上的鐵腕和強硬作風。企業的改革、文化的重塑、體制的創新，一切都需要鐵腕來保證實施。這就造成了空降部隊與企業的矛盾所在：一方面沒有哪個企業歡迎空降一個鐵腕的領導者；另一方面，企業現階段需要的還是獨裁型的領導者，因為只有這樣的人，才能提升企業的執行力，這樣的人才能治理好問題多多的企業。

對於空降部隊來說，失敗的理由可能千千萬萬，但成功的前提是：一個外來的領導者能否適應本公司的許多約定俗成的遊戲規則。何經華在上任之初的這番話表明他已經十分清楚來到用友將面臨的挑戰，但是最終還是選擇了中途退場。

那麼空降部隊能否順利實現軟著陸，並提高生存率呢？我們不妨來看看兩千年前的諸葛亮是怎麼做的。用今天的眼光來看，諸葛亮可以說是一個極為成功的空降部隊。他不但安全的實現了軟著陸，而且落地生根，穩穩的全面掌握了蜀漢的軍政大權，隨著時間的推移，其本人甚至成為了整個蜀漢組織的精神領袖和形象代表。

滿腹經綸的諸葛亮還未出山時就聲名遠揚。他自比管仲樂毅，就像經過職業訓練、抱負滿懷的空降部隊一樣。而這個時候，劉備正好也遇上了前所未有的困難，如果再不改變現狀，可能就要被曹操徹底吞併。在這危急關頭，劉備三顧茅廬，請與本組織毫無瓜葛的空降部隊諸葛亮出山，挽救自己的組織。

諸葛亮知道，劉備在組織的地位是至高無上的，成功空降首先要獲得劉備百分之百的支持，只要他大力支持，組織中的負面因素就暫時掀不起太大的風浪。在空降之前，一定要考察清楚劉備的真實態度，出於這種考慮，諸葛亮才導演了一齣三顧茅廬的好戲，這絕不是諸葛亮擺架子，而是對劉備的考驗。如果不能夠獲得百分之百的支持，諸葛亮寧願終老隆中，也不會出山的。

其次，諸葛亮知道一定要取得短期業績收服人心後，再談長期計畫和長期業績，否則，很難服眾，被領導者暫時壓下去的負面力量便會趁機凶猛反撲。諸葛亮深知這一點，上任之後，立即竭盡所能，火燒博望坡，火燒新野城，以數千兵馬兩次擊敗了曹營十萬大軍，接連打了兩個大勝仗。即使接下來諸葛亮打了一場大敗仗，連劉備的兒子阿斗也差點死於軍中。但幸虧有前面的兩場勝利（短期業績）墊底，組織內部才沒有對他的能力產生懷疑。最後，諸葛亮在站穩腳跟後，根據實際情況，重新打造新的企業文化，並在這個過程中和組織一起融入到新的企業文化中。新的企業文化保留原有文化中的好的部分，摒棄其不好的部分，而更為重要的是要把自己的特色加入其中。如果我們的企業的空降部隊能夠學習到諸葛亮的空降三步法，可以避免許多無謂的傷亡。

空降部隊的難度

電視劇《諾曼第大空降》中有這樣一片段，德國人在阿登反擊中包圍了巴斯托尼，C連被派去增援這個小鎮。行軍途中，正在撤退的部隊對他們說：「你們瘋了嗎？！你們進去會被包圍的。」結果他們得到了以下回答：「我們空降部隊生來就是準備被包圍的。」這句話一定程度上說明了空降部隊的難度。作為空降部隊，你必須清楚：即使你精通兵法，仍然有可能陣亡。對於空降部隊來說，最重要的是慎重選擇空降區域，力爭不要在錯誤的時間、錯誤的地點，把自己投進錯誤的戰場。

有人說，空降部隊有一個逃不出的宿命三步，如果你是一個空降部隊，意味著你必須深入敵後孤軍作戰。對於你來說，從天而降、遭遇包圍，堅持到被救援，或者被俘、陣亡是你不可避免的宿命三步。而對於企業裡的空降部隊來說，這種宿命三步也同樣存在。由於看到郭士納、麥克納尼、特里．塞梅爾等職業傘兵的成功，空降部隊行情也一度十分紅火。但是很遺憾，上課的職業經理中竟然無一人能逃脫陣亡的下場。

要破解空降部隊的宿命三步也並非無計可施，如果找到解藥也完全可能突破重圍。空降部隊的第一要義是勤勉不懈做事。翻譯成我們聽得懂的話，就叫要業績不要方案。對於一個新來乍到的經理人來說，你不了解的東西太多了。你所拿出的方案是你以前經驗的累積，而對於新的情況未必適用。如果這時有人誠心跟你過不去，要挑你方案的毛病，是一挑一個準。

空降部隊的第二要義是要敢於任事、放手工作，但不要四處樹敵。

空降部隊不能毫無作為，一味依賴大牌明星，而必須既能發揮明星的作用，又能收放自如，把明星身上和周圍聚集的能量拿來為我所用。這需要做到兩點，一是放下架子，貴以賤為本，高以下為基，以柔弱勝剛強；二是信其言，授以事，責其功，掌握賞罰主動權；三是審時度勢，把握時機，建立正面的價值觀及其相關制度。這三招就是空降部隊的第三要義：依靠明星員工但不要為其所制。

還有一些空降部隊因為四個搞不清，成為了盲人空降部隊，兩眼一抹黑稀裡糊塗就上陣了。

這種空降部隊一是搞不清自己的角色。企業給你的職位與你希望你扮演怎樣的角色未必一致，稀裡糊塗以為自己了不起，結果往往被掃地出門。二是搞不清老闆會給你哪些支援。在邀請空降部隊加盟之前，企業老闆往往會作出誘人的許諾。一旦老闆的承諾不能兌現，便怨天尤人。空降部隊面臨的地形往往比長官的承諾更複雜。三是搞不清自己有幾斤幾兩。空降部隊的第三個搞不清是不知道自己有多少斤兩，所以在降落的過程中可能遲遲不能落地被地面部隊掃射陣亡。四是搞不清楚自己什麼時候該進該退。作為資深主管，空降部隊已經在企業裡實現了自己的價值，就要考慮適時退出，如果遲遲不知道退到營救陣地，等接你的飛機開走了，就只有束手就擒，在敵軍監獄苦度餘生。

你要知道你是一個空降部隊，你生來就是被人包圍的，所以如何突圍就是你的核心技能。

空降兵目前面臨的問題是普遍活不長。企業空降部隊陣亡的案例俯首皆是。大部分在極短的時間內就陣亡。有人甚至總結出：空降部隊存活一年內是危險期，存活六個月是正常現象，存活三個月是基本規律。企業空降部隊的陣亡對企業、對空降部隊都是永久的痛，也成為永久的人力資源話題了。

而空降部隊離職的直接原因不外乎有以下幾點：一是沒能處理好與企業元老重臣的關係，人際關係差，權威沒有樹立，工作難以開展；二是執行不利，業績不理想，沒有達到績效標準，被動下課；三是跟老闆溝通越來越少，感情破裂，主動離職；四是資深主管融不進企業。

導致空降部隊離職的主要的、深層次的原因，從企業和空降部隊個人兩方面都有一定的責任，從企業角度來講，主要有以下六個方面深層次的原因：

一是企業治理結構不健全，空降部隊權力不到位，工作不好推動。企業的管理水準比較低，

空降部隊的難度

缺少健全、合法、合理的治理結構，人治為主的現象較多，企業記憶體在老闆的無形影響、存在某些潛規則，企業員工慣性的唯老闆馬首是瞻，老闆的權威高於一切，有意無意的更改空降部隊的決策，導致空降部隊無法發揮作用。某著名IT企業花五百萬年薪聘請的跨國空降部隊壯志豪情的到位後才發現自己做出的任何決策，都要經過老闆的認可，自己並不是來真正治理企業的，而僅僅是參謀而已，最後黯然離職。

二是期望值過高，認為高薪聘請的空降部隊無所不能。企業花費高昂的代價聘請了空降部隊，對引進的空降部隊寄託了很高的期望，把空降部隊看成是救世主，希望空降部隊能給企業帶來天翻地覆般的變化。殊不知空降部隊也不全是全能冠軍，可能在某一方面見長，其他方面未必擅長。

三是急於求成，短時間內就要見到成效。一般情況都是企業在經營不理想或者急欲突破某個發展瓶頸的時候聘請空降部隊，無形中就存在一種急的心態，恨不能幾天之內就見到成效。殊不知不積跬步無以致千里，空降部隊不一定是本行業出身，總要有一個了解、熟悉的過程。看到短期內出不了成績就產生心灰意冷、上當受騙的感覺，在雙方之間埋下不信任的種子，導致分手。

四是企業老闆存在矛盾心理，不能完全信任空降部隊。希望高薪聘請的空降部隊全面負責工作，給企業帶來新的變化，又恐其能力不足，不能帶領企業達到理想的彼岸；希望其推動變革，改變企業原來不良工作作風，又恐其實施變革引起內亂；希望空降部隊帶領企業管理上台階，引進新的管理理念，又恐其理念水土不服，不能達到效果。結果是猶豫不決，半信半疑，使空降部隊的改革方案不能完全落實。

五是企業中存在改革的攔路虎、絆腳石，不支援變革還會眾口鑠金。企業經過多年發展總會有一些資格比較老、從底層做上來的員工，但是隨著企業的發展能力已經漸漸不適合未來的發展要求。引進空降部隊後，如果心態不好，他們可能就會產生受到威脅的感覺。為保護個人利益就會不自覺的產生排斥感，就會到老闆那裡訴苦，指責空降部隊的某些行為更有甚者會詆毀空降部隊。「謊言說一千遍就成了真理」，久而久之，老闆開始對空降部隊產生不信任。

六是企業缺少合理的績效評價手段，績效與激勵不匹配，或者績效考核不兌現。某些空降部隊到企業工作一段時間以後也取得了一定的業績，但是由於評價手段不公正或者難以達成一致，激勵方面就會出現問題：原來講好的不兌現，或者是得到的獎勵與個人期望達不成一致，最終雙方分道揚鑣。

給人踏實的感覺

劉邦不但講粗話，對儒生也不是很客氣，甚至把儒生的帽子當尿壺。這樣的人，憑什麼把那麼多人才聚在一起呢？比如：張良這個人很有才氣，而且很有個性。當年在「博浪沙」刺殺秦始皇就是他一手企劃的。一般人若想把張良留在身邊，可不是容易的事。又如，武將有韓信，韓信這個人多神氣啊。

據《史記．淮陰侯列傳》記載，當年劉邦經常和韓信討論每個將軍帶兵的能力，有一次劉邦問韓信：「像我這樣的人能帶多少兵啊？」韓信很坦率的說：「能帶十萬就不錯了。」劉邦又問韓信：「那要讓你帶兵呢？」韓信說：「我帶兵是越多越好。」由此可見其狂傲程度。像這樣的人，劉邦靠什麼把他收服到身邊，讓他為自己賣命呢？

靠他個人的魅力嗎？劉邦恰恰似乎有點缺少人們希望看到的領袖魅力，如語言的魅力、長相的魅力、行為舉止的魅力等都是一塌糊塗。那他是靠什麼呢？如果你讀一下劉邦傳記或者跟他有關的資料，你會發現有這麼一些細節：劉邦身邊的人都很快樂，大家都覺得劉邦這個人有親和力。親和力來自什麼地方呢？文人喜歡被欣賞，希望自我價值能實現，劉邦無論對小文人還是大文豪，都能夠欣賞，都說他們有才。武將也覺得自己能夠受劉邦重用。

韓信當時也是有背叛機會的。比如：在楚漢相爭的危急時刻，齊國失利，龍且戰死，項羽非常恐慌。就派武涉前去遊說韓信反漢與楚聯合，三分天下稱王齊地。在這麼大的誘惑面前，韓信卻謝絕說：「我奉事項王多年，官不過是個郎中，位不過執戟之士。我的話沒人聽，我的計謀沒人用，所以才離楚歸漢。漢王劉邦授我上將軍印，讓我率數萬之眾，脫衣給我穿，分食物給我吃，而且對我言聽計從，所以我才有今天的成就。漢王如此親近、信任我，我背叛他不會有好結果的。我至死不叛漢，請替我辭謝項王的美意。」

我們從這件事可以看出劉邦對人才強大內吸力的本質。劉邦有親和力，很信任下屬，非常願意給下屬這份權力，給人踏實的感覺。他能讓所有的文人武士在身邊都覺得自己有價值。

反觀項羽。如果你是一個很有才能的人，在項羽身邊會是什麼感受？

項羽很有能力，論打仗，一般人在戰場上不是他的對手，而且大家在他身邊做，總覺得這個人精力無窮，很有魅力。有的時候項羽會表現出來這種魅力，比如有士兵受傷以後，他就哭，拍拍士兵的肩膀，甚至親自幫著士兵綁繃帶。

但項羽最大的問題是，他沒有讓身邊的人才感受到自身的價值。正如韓信所說：我跟你項羽多年，做官不過是做個郎中，職位不過是個執戟之士；我的話沒人聽，我的計謀沒人用，所以才離楚歸漢的。因為項羽不捨得放權，不放心、不信任他們啊。每當給別人一些封賞或權力時都要猶豫老半天，不捨得給，這樣的氣量如何能擁有天下？

儘管劉邦的個人能力不是很出色，但是他有親和力，捨得封賞，懂得培養人，培養了很多中階主管和基層的將領。無論是韓信還是張良，不管是賣肉的還是拉車的，都能團結在他身邊，成為大團隊裡的一個英雄人物，成為一個頂梁柱。可見一個領袖自己的具體能力強弱是其次，最重要的是他要會培養中階主管和基層員工。而這個培養人才的過程也就是聚攏人才的過程，而這就是充分信任下屬的表現。

海為什麼能納百川？有人說，那是因為海大，但只是結果，納了百川以後海才變大。因為海平面低，所以它能容納百川，而且不管是受到汙染的河流，還是沒受到汙染的河流，它都張開懷抱接納。如果只要那些很純淨的河流，只要那些沒有汙染的河流，只要那些水質比較好的河流，那麼大海早就枯竭了。就因為海有胸懷，姿態低，它寬容，所以那些川流都過來了。所以，正是因為海納百川，讓所有的河水化成了海水，海才更加的寬廣、包容和博大。因此，領導者只有如水以後才能容眾，容眾才能合眾，才能讓大家一起來做事。

如果你是一座高山，誰站在你面前都感到自己很渺小，身邊的人能夠有自豪感嗎？如果站在一個懸崖峭壁面前，你什麼感覺？只會有恐懼感，趕緊離開。但如果你站在大海面前，是不是特別想擁抱它，特別想投入進去，投入大海的懷抱去暢遊。

只要是人才就都有毛病、有特點，俗話說：「金無足赤，人無完人」。如果只要他的優點，不要他的缺點，那領導者在這個世界上找不著人才了，只剩下自己。所以領導者一定要學會用人所長，而且還必須容人所短，就是領導者水的品格和包容性。沒有這種寬廣和包容的胸懷，就永遠無法廣泛吸納到眾多的人才。

劉邦更像大海，無論什麼類型的人才，不論是盜嫂的陳平，曾受胯下之辱的韓信，甚至拉車的，殺豬的，殺狗的，他都不在乎，只要你有才、肯來就行。他的姿態一直很低，很包容。

項羽給人什麼感覺呢？他身材高大、能力超強，你站在他身邊是什麼感覺？他是超人，他對你而言就是一座高不可攀的山峰。而你是什麼呢，你是超人身邊的陪襯，你對於他來說太微小了，太微不足道了。你在他面前感到恐懼，感到自己的弱小，感受到他根本就不需要你，而且對你構成壓力。而劉邦就不一樣了，你到劉邦身邊，就是有安全感，感到劉邦待人寬厚，信任你，重用你，給你權力，給你機會，讓你能實現自己的人生價值。

甚至像雍齒這樣諷刺過劉邦的人，劉邦都能封他為什邡侯，雍齒雖然是劉邦的同鄉，但此人非常卑鄙，不斷陷害劉邦，還幫助項羽害得劉邦差點喪命，項羽有一次要殺劉邦的父親也是他出的主意。他經常諷刺劉邦，說劉邦不讀書，不懂這個不懂那個，但劉邦最終都容忍了。領袖如海，海納百川，若水和眾，像水一樣把大家融合起來。

如果大海挑三揀四，那麼海水早就枯竭了，什麼水都要，才叫海納百川。因此領導者要用人之長首先要容人之短，因為任何人才都有短處。人是永遠有缺陷的。關鍵在於怎麼把他容納進來，怎麼變成自己的人才。所以叫做合眾若水，像水一樣，你才能把人才聚集進來。如果你總是高山的話，人早跑光了。

第五章　如何讓員工充滿信任

下屬很少會信任推脫責任或不把團隊利益放在第一位的經理。那些能夠讓下屬覺得遵從很高道德和價值標準，並願意支持他們工作的經理很容易獲得信任。不用任何規章去束縛員工，讓他們在無拘無束的信任氛圍中，發揮每個人的創意和潛能。

誰是值得信任的老闆？

一隻山羊爬到了高屋的頂上，下面有匹狼走過。山羊以自己處在高位，野狼也拿牠沒有辦法，便罵道：「你這傻狼、笨狼。」狼於是停下來說：「你這膽小鬼，罵我的並不是你，而是你現在所在的位置啊。」

你或許已經明白這則寓言的寓意，用這只掩耳盜鈴的羊來寓意聰明的管理者們或許會讓你感到有些不快，不過我在這裡不是要借此寓言諷刺那些身居要職的管理者們，而是要講明這樣一個道理：你的職位不等於你已經具有可以指揮別人的權威。以讓員工服你的只有誠信。

對於企業領導者而言，誠信是開展工作必備的一種內在力量，誠信高的企業領導者必定具有堅實的員工基礎，開展工作便會如魚得水，有呼即有應，令即行，禁即止。反之，沒有誠信的領導者幹部，開展工作便會如同逆水行舟，常常會陷入「說話無人聽，做事無人跟」的信任危機中。從一定程度上講，領導者工作就是一個發揮自身誠信所產生的力量的工作，領導藝術就是不斷提高自身誠信的藝術，而一個不講誠信的領導者是很難受到員工認可，很難創造出優良業績的。進一步說，誠信應是企業領導者的生命。

明智的企業領導者都十分珍惜在員工中的誠信，他們注重保持與員工的密切聯繫，注重樹立良好的自身形象，練就高尚的人格力量，形成獨特的領導風格。他們有的樂於律人，嚴於律己；有的雷厲風行，作風堅實；有的公私分明，親和豁達；有的勤懇扎實，不務虛華；有的銳意進取，敢為人先。凡此種種，企業領導者樹立自身誠信的方式方法、風格特點各有不同。一般來

誰是值得信任的老闆？

說，「說一不二」則是必備不可少的一點。

然而，企業中總有不少領導者，特別是企業老闆，盲目追求「說一不二」的領導做派，刻意樹立個人權威，肆意施展權力，結果適得其反，在下屬、員工面前喪失根基，更無誠信可言。有的企業領導者不能以正確態度對待既定的錯誤決策，明明人人都認為不可行、自己內心也覺得不可行的決策，由於礙於個人面子，沒有勇氣收回說出的話，沒有膽量正視決策的失誤，而將本已明確為不可行的決策固執執行下去，結果使企業造成了不同程度的失敗。這樣在員工面前樹立的不是威信，而是驕氣、霸氣，是為大家所不屑的。

加里是一位加州大學的高材生，大學畢業後接管了父親一手創辦的企業。由於在大學期間學到了一些商業理論，加里自視甚高，喜歡用命令的口氣指揮員工。他總是認為自己是企業的正統繼承人，在企業內擁有至高無上的權力。然而事情並不像他想像的那麼美好，在他接替父親不久後，公司的一些元老開始離開。他們離職的原因很簡單：忍受不了加里的命令。他們時常在背後討論：「即使是曼（加里的父親）也不能夠這樣對待我們。」緊接著，公司的骨幹員工也開始辭職。那些有能力在別處找到工作的人總是企業的佼佼者，而且他們在離去時，往往不再懷有任何留戀之情。

面對員工的不斷離去，加里百思不得其解。

加里犯了一個嚴重錯誤：權力不是天生的，也不是繼承獲得的，它是員工給予的。但現實中，像加里這樣的領導者數不勝數。

企業管理專家說：服眾途徑有三種——力服、才服、德服。「力服」即領導者以權力強迫下屬服從自己意志；「才服」是領導者靠才智引導下屬服從自己的意志；「德服」則是領導者以高尚的人格去感化下屬，使之心甘情願服從自己。

德服為上，才服居中，力服為下。意思就是說，力服者只要運用權力命令下屬去做即可，簡單易操作。但這套領導術，用於那些比領導者更有能力、水準的下屬，效果卻是有限，甚至未必行得通，極易造成抵觸情緒和逆反心理，最後失去信任；才服者對下屬員工，不但要他們知其然，而且要讓他們知其所以然。「才服」體現了較高級的領導藝術。但也有局限：必須以領導者的才幹能力高於下屬為前提。否則，下屬的才幹能力比領導者還強，「才服」便行不通。領導者的水準、能力不如部下，憑什麼服人？而「德服」則不同，下屬的才幹能力無論比領導者強或弱，都心服口服的絕對服從領導者，效果當然較好。也就是說：「力服」只能駕馭一般人，「才服」則要告訴下屬「怎麼做」，而「德服」則根本不用領導者操心，他只需吩咐下屬「做什麼」就行了，就算那些比領導者強的下屬也同樣會自覺「盡力做」。不僅如此，還可能比領導者更懂得「怎麼做」，從而做得更為出色。

作為企業的領導者應該認識到，誠信既不是爭來的，也不是換來的，樹立誠信要憑能力素養、憑敬業奉獻，憑良好的人品官德修養，辦好分內的事、做屬下信任的人。

一次，某公司重新修訂佣金的會議上，老闆面對近五十位銷售經理，宣布從今以後他們從公司所得的百分之二抽成將減成百分之一，另外百分之一用禮物取代，像時鐘、收音機等，並強調，他們銷售的人越多，就可以得到越多的寶貴禮物。

一位銷售經理站起來極度憤慨的說：「你怎麼能這樣對我們？即使是你原來給我們的百分之

二也不夠，你把我們的抽成減半，然後送給我們這些不值錢的東西，你當我們是白痴不成？」說完，就氣衝衝的離開了辦公室，其他的銷售人員也跟他離去，五十個人全部走得精光。老闆不得不提前飛回總公司，重新修訂了銷售傭金的辦法，又恢復到原先的百分之二抽成辦法，得到了另一個區到會人員的熱烈贊同。然而，該公司的五十個銷售經理沒有一個再回頭。所以說，領導者對待員工一定要講信用，如果連你自己都不誠信，誰還能再信任公司規定呢？

因此，領導者要看一看自己在職位上有沒有作為，反思一下自己的人品官德修養，真正把心思放在工作上，放在提高自身素養和修養上，不斷在工作中提高自己的能力素養，培養良好的人品，以自身實際行動和良好形象，影響和帶動屬下完成好老闆賦予的各項工作任務。

正如某位專家所言：對於一個出色的領導者而言，並不是專業一定要出類拔萃，某個領域也不一定要卓有建樹。但必須具備有能力將眾多的甚至強於自己的人才團結在自己周圍的「德服」的領導藝術。日本著名的企業家松下幸之助乃其中的佼佼者。他視員工為兒女，給予無微不至的關懷，他讓人事部門建立員工的生日檔案，他們生日那天都能無一例外收到一份以公司名義送的禮物。禮物雖輕但情重，足以贏取眾人心。士為知己者死、滴水之恩當以湧泉相報，全體員工視公司為家，無私的貢獻了才幹智慧，終於使「松下」成為國際知名的大企業。

所以，古人常說「攻心為上」，說的其實也是要以「德服」為基礎、為核心。「德服」的精闢之處，就是高度形象的表現了領導者講誠信的精髓。

空降部隊如何才能生存下去

從空降部隊資深主管角度來看，個人問題也是造成離職的主要原因：

一是資深主管角色定位不準確，在管理過程中經常出位，日子久了就會樹敵過多必然陣亡。資深主管剛到一個企業中去，面對多種未知數，對自己沒有清晰的定位是大忌，一定要明白自己不能做什麼，能做什麼，哪些工作能做，哪些工作要等條件成熟才能開展。

二是資深主管心態不好。在企業中，資深主管一定要處理好四大問題：把握好核心，處理好角色，明確好代表，堅持好原則。即一定要堅持資本或者企業利益為核心；一定要處理好空降部隊的角色和老闆的角色；一定要明確自己代表誰的利益，自己的、老闆的還是企業的利益，這樣在處理某些事情上就能抓住核心；同時作為一個合格的資深主管還要做到不與老闆爭功，不與老闆爭名，不與下屬爭利，不與同級爭功。「淡泊可以明志，寧靜可以致遠」，在資深主管身上也是合適的。

三是工作方法不得當。很多資深主管已經形成了一定的工作作風和工作習慣，到了新的公司後還刻意堅持原來的行事方式、原來的工作作風、原來的經營理念，不能採取靈活的手段，與新公司不能盡快的融為一體，靈活處理各種問題，久而久之也是必死無疑。有些行業引進的新人不管你有多強的能力都要認同本企業，只有在認同企業的大前提下，企業可以為你改變，而不是要你來改變。

四是人品存在一定的問題，誠信與公平不足。儘管有各種人力資源測評軟體，但是資深主管的人品卻是不能透過測評而發現的。作為資深主管人品一定要堅實，一定要有較好的職業素養，因為沒有哪個企業願意找一個人品不好的人進去。公平是以企業利益為重，誠信是最基本的做人原則，只有這樣才能說是具備了基本要求。

那麼資深主管如何才能在企業長久生存下去呢？根據上面的分析，主要從以下幾個方面著手：

1　從企業角度來說

第一要給時間。「路遙知馬力，日久見人心」，對資深主管也是一樣。他們進入企業總要有一個熟悉企業的過程，雖然要快速見效也要給出合理的熱身時間，使其進入狀態後「是騾子是馬牽出來一走便知」。當年諸葛亮空降劉備團隊組織，雖說是劉備三顧茅廬但還是以著名的隆中對為其指點迷津，使得劉備有豁然開朗的感覺，也還要經過了火燒博望坡、新野等大戰使得關羽、張飛等人心悅誠服。

第二制定工作計畫，建立監督考核機制，促進資深主管快速成熟。資深主管進入企業要明確工作目標，制定工作計畫，透過短期工作計畫的實現情況檢查找出不足。「人無完人，術業有專攻」，企業老闆要對資深主管的不足之處加以指導，加強培養，使其盡快成長。同時企業要完善績效考核機制，更重要的是兌現當初的承諾。

第三企業老闆也要轉變角色，要學會放權與授權，在結果導向和過程監督中發揮資深主管的作用，促進企業發展。

第四加強溝通，維持良好的信任關係。資深主管到位後可能企業老闆工作重心就會轉移，從而溝通減少。即使這樣也要保持必要的溝通，只有保持良好的溝通才能保持良好的信任關係，信任是合作的前提。

第五積極協助解決問題。資深主管到企業中總會遇到各種各樣的問題，企業老闆要對空降部隊大力支持，提供各種必要資源，使其有發揮空間和條件。

第六企業對引進來的資深主管可以先放到管理支持職位上過渡一段時間，待其認同企業、融入企業之後再委以重任也是一種方法。

2 從資深主管個人角度來講

首先，資深主管要清晰掌握自己的角色並正確定位，在職權範圍內工作，盡量少出位。並與老闆保持合理的溝通，了解老闆的真正用心，在某些問題處理上要爭取老闆的支持與理解。其次，資深主管進入企業之前要多了解企業的基本問題點，了解企業的內部關係如何，找到合適自身生存的企業。盡快學會處理各方面的關係，在以企業利益為重的前提下，掌握好平衡的藝術，掌握好處理問題的時機與火候。

規劃未來，進退適時，在該退出的時候要急流勇退。人的性格不同，企業的發展階段不同，需要的人才也是不一樣的，創業、守業需要不同的幹將，資深主管要明白自己周邊的環境，做到進退適時。同時，資深主管保持低調不張揚，要以業績說話樹立威信。

為何一山可容百虎？

當今，企業領導者與追隨者的信任危機層出不窮。對企業的信任危機，家族企業的一言堂是員工最頭疼的。在部分企業中，領導者與追隨者的關係並沒有理順，兩者之間相互的信任度不夠，從而使資深主管的權力過於局限。

二〇〇一年一月，美國線上公司和時代華納公司合併，組建「美國線上時代華納公司」。合併後的新公司由美國線上控股百分之五十五，時代華納控股百分之四十五，新公司董事長由美國線上老闆凱斯擔任，首席執行官則由時代華納老闆列文把持。其他職務也由雙方平分。然而，原美國線上方的管理層在合併之初就咄咄逼人，一度將自己當成理所當然的贏家，事非不斷、矛盾重重。後來AOL（美國線上時代華納）決定將董事長和首席執行官這兩個職位合二為一，現任首席執行官理查·帕森斯將身兼兩職。而事實則證明，強硬的管理風格已經不再那麼適應公司的現狀，由於原美國線上經理人皮特曼本人未能達到盈利目標，人們失去了對他的信任最終落敗。不爭氣的業績使得原美國線上管理層說話也沒有了底氣。美國線上因此在公司內部權力鬥爭中一直落敗。新公司的首席執行官列文在二〇〇一年宣布提前退休後，新公司任命了來自時代華納方的帕森斯繼任，而不是美國線上方的羅伯特·皮特曼。更糟的是，皮特曼於二〇〇二年五月被趕下台，連營運長（COO）也混不下去了，取而代之的是時代華納方的資深媒體經理。而凱斯則是最後一名離開新公司的美國線上方高級管理。印證了「一山不容二虎」這句俗話。

當然，一山不容二虎也不是絕對的，那就是兄弟、夫妻、朋友組成的管理搭檔，他們齊心協力打江山，眾志成城守家業。張力和李思廉一起出資兩千萬元成立了T地產公司。從此，兩個沒有血緣關係的哥們開始了最重要的合作。李思廉這樣透露雙方合作的原則：「如果一件事情有一個人堅決反對，那麼T地產公司就不會去做。印象中好像沒有出現過一方堅持做、另一方堅持不做的事情。」張力如此描述他與李思廉的關係：「我和他十年沒有紅過臉，在商界也是絕無僅有。我們之間沒有簽署過任何一份文字的東西，大家講的都是信用。當然，更重要的是大家分工要明確，正是由於兩個人的工作很少有交叉，摩擦才會少一點。」T地產公司是在這樣的情況下乘風破浪，成為有名的地產豪強。這樣的情況非常特殊，能夠存在十年之久實在是一個奇蹟。

張寶全和王秋楊是K集團的夫妻搭檔。作為一個夫妻檔式的公司，兩人具有很強的互補性。執行總裁王秋楊把他們夫妻的成功歸功於客觀上的運氣和主觀上的努力。「張寶全很有創造性；而我更擅長營運管理，幫助他實現他的創造，我的理性成分是他做重要決策的判斷依據，我們兩個人在合作上可說是天衣無縫。」在公司裡，王秋楊主要就是扮演大管家的角色，負責公司的日常管理，代表理性的一面。

兄弟搭檔的代表當屬郭氏三雄。以郭炳湘為首的郭氏兄弟自接過父親生意後，三人同心打理，不但將父親事業推至高峰，更是子承父業最成功的家族企業之一。新鴻基地產的業務主要集中於香港，土地儲備量在香港地產商中保持數一數二的地位。目前，新鴻基集團是香港最大的上市公司，在大陸、美國舊金山以及加拿大也擁有不少的投資。

M集團是一個家族企業，也是子承父業的典範。許榮茂一直注意用言傳身教的方式對兒子進行培養，在父親的雕琢下，許世壇已經呈現出大將風度。經過十多年的發展，在領軍人許榮茂的率領下，M集團已經發展成為著名的房地產企業之一。

有的企業不但一山可容二虎，還可以容百虎。慧聰公司就是一個例子。公司的所有員工共同享有百分之七十的利潤，儘管他們並不擁有公司股份。公司老闆郭凡生認為，讓員工分享利潤，企業的骨幹才會死心塌地的跟著老闆一起向前衝，因為他們獲得了公司產業增值所帶來的收益，他們也是公司的老闆。這樣做的另一個好處就是有叛將但不會有叛軍。郭凡生：「資本型的企業特徵是有一個或兩個老闆；知識型的企業可以有幾十個老闆，幾百個老闆。知識型的企業一山可以容下二虎甚至百隻老虎。」

看來時代不同了，一山不容二虎，也要看看是什麼山、什麼虎。更重要的是要有合理的遊戲規則與勢力範圍，一山不容二虎的定理是可以打破的。

以誠相待

狐狸請鶴吃飯，但牠並沒真心實意的準備什麼飯菜來款待鶴，僅僅用豆子做了一點湯，並把湯倒在一個很平的石盤子中，鶴每喝一口湯，湯都會從牠的長嘴裡流出來，怎麼也喝不到。鶴十分生氣，狐狸卻十分開心。後來，鶴回請狐狸吃飯，牠在狐狸面前擺了一個長頸小口的瓶子，自己很容易把嘴伸進去，從容吃到瓶子裡的飯菜，而狐狸卻一口都吃不到。狐狸也受到了鶴的報應。

這個故事告訴管理者，對待下屬、員工要以誠相待。人心都是相通的，你敬我一尺，我敬你一丈。人們非常看重人情交往，講究受人點滴之恩，必當湧泉相報。管理者對下屬付出的是真誠關心，他們必定會以高效率的工作成果來回報你。

某大酒店堪稱該城市的榜樣。它的每位員工都有酒店發的「一流卡」。在卡片上，員工可以寫下感謝和祝福的話，然後把卡片送給同事、老闆或者下級。每位員工都有兩千美元的使用權限，用於對客人的服務。給員工這樣的權力，緣自於一份尊重，同時信任他會充分為酒店考慮，做出正確的判斷，不會亂花一分錢。同時，麗嘉員工的績效評估、薪酬也和企業文相關聯，如果員工能很好的貫徹企業文化，其薪酬就會相應增加。

管理者和員工之間建立和諧的關係，才能在彼此無拘束的交流中互相激發靈感、熱情和信任，才能讓員工和管理者的心貼得更近。而管理者對員工的懷疑則只能使得兩者之間的溝通不良，從而使員工產生消極和對抗的心理。

亨利．福特二世剛接下董事長權力時就是這個亨利小子，讓福特公司在他手上經營到上個世紀七十年代末，出現了前所未有的危機。問題出在他性格剛烈而容不得人才，下屬能力不如他才放心，否則「功高震主」，心裡堵得慌。他這種毛病趕走了與氣走了不少傑出人才。

他對員工發脾氣，有時甚至怒吼出這樣的話：「讓他滾！」他不經過公正聽取別人的意見，理由竟是他看對方不順眼。作為公司老闆，他這種看人態度，實在危險。

一天，亨利命令總裁李．艾科卡解雇某一位高級職員，按他的看法，此人是搞同性關係的人。「別犯糊塗了，」李．艾科卡說，「此人是我的好夥伴，他已經結婚，還有一個孩子。上班在公司，我們一直在一起吃飯。」「把他弄走，」亨利重複說，「他搞同性戀。你瞧他，他的褲子太瘦了。」艾科卡心平氣和說：「他的褲子究竟和別的事情有什麼關係呢？」可亨利固執堅持自己的錯誤看法，把那個人才趕走了，亨利的領導哲學是：假如一個人為你工作，就不要讓他太舒服。不要讓他舒舒服服按他自己的習慣行事。你做的永遠要和他所預期的相反，要使你手下的人處於提心吊膽的狀態。

艾科卡是亨利親自提拔上來，一週四天的工作讓他天天如坐針氈，最後也讓亨利二世看不習慣，落了個被趕走的下場。他說：「其實，企業必須讓員工有安全感，不能讓員工上班如坐在火山口上，如果企業不考慮員工的『安全需要』，讓員工每天上班像走鋼絲似的，實際上是企業在走鋼絲啊！」

亨利二世應該知道這一點：企業競爭就是人才的競爭。可他的雙眼彷彿被什麼東西蒙住了。在亨利二世主持的最後一次股東會議五個月後，六十三歲的老人竟然落得個孤立無援的下場，不得不辭去福特汽車公司董事長的職務。福特公司從此走出了家族化管理模式，步入以專家集團管理的領導體制，福特公司才又一次進入了一個嶄新的發展時代。

「懷疑和不信任是企業真正的成本之源。」這是著名的《第五代管理》作者薩維奇的一句妙語。管理者不信任自己的員工，就會使員工背心離德，難以和企業形成榮辱與共的感覺，在工作中就會難以安心，並產生抱怨和不滿，甚至產生應付工作的心態。而且管理者不信任員工，還會招致員工對管理者的不信任，員工在工作中有了什麼建議和意見也不會坦誠的提出來，從而使整個企業的工作績效平平，還會產生推諉責任甚至人才缺失的不良後果。

一個職業經理應聘到一家大公司，由於他的薪資高，老闆的親信對他的薪資有些眼紅，不斷在老闆面前說這個人剛來不應該拿這麼高的薪資。恰恰這個老闆耳朵根子軟，不久就把這個經理掃地出門了，然後把自己的親信安排在多個重要職位上，而那些親信們也依仗老闆仍然排擠新進入公司的其他經理，導致公司失去了正常的管理秩序，連續幾個高級經理人工作幾個月就被迫辭職。後來這家公司的惡名傳出去了，誰也不願進這家公司，老闆只得委託獵頭公司找人，可是高級經理人一聽說是這家公司招聘人，避之唯恐不及。

每個人都是需要信任的，有信任才能產生動力。希望管理者都能以一顆誠實的心來對待他的下屬。

「一個人有兩樣東西誰也拿不走，一個是知識，一個是信譽。我只要求你做一個正直的人。不論你將來是貧或富，也不論你將來職位高低，只要你是一個正直的人，你就是我的好兒子。」這是著名企業聯想集團董事會主席柳傳志父親小時候教誨他的話語。此後，無論做什麼事情，柳傳志都以誠信為先，以真誠為首，這一思想一直到後來他任聯想集團總裁的時候都未曾改變。

聯想集團的成功，誠信是它的因素之一，它取信於員工，取信於銀行，更取信於投資者，而這一切都離不開柳傳志這位當家人，柳傳志的父親「正直做人」的教誨也許就是聯想集團的精神支柱。

「我就要信任他的能力」

「你有這個能力」、「你會做好的」這就是對人的信任。在這一點上，美國著名的將軍巴頓就給所有的中階主管樹立了榜樣。

一九四四年六月諾曼第戰役的時候，盟軍總司令艾森豪任命一位軍官到第三集團軍當師長。巴頓就是第三集團軍的司令。當巴頓聽說這個消息後，立即表示反對。巴頓認為這個人很無能，不願意讓他在自己手下工作，但艾森豪仍一意孤行。此後不久，巴頓最擔憂的事情發生了。這位軍官果然把事情搞得一團糟，打了敗仗。這時，艾森豪意識到問題的嚴重性，就命令那個軍官辭職。巴頓卻表示絕對不讓他辭職：「雖然他表現不佳，但他是我的部下，我就要信任他的能力並承擔他的一切，無論好壞，我會盡全力使他成為一名合格的將軍」。此話一出，那位軍官更是對巴頓非常感激，從此奮發努力，成為一名合格的將軍。

每個人都有被信任的、被重視渴望，企業能不能放手用人，給員工一個施展才華的舞台與機會，是影響核心員工忠誠的一個重要方面。給予他們必要的信任和更大的決策權是精神激勵的重要組成部分。被企業委以重任可以促使他們對工作充滿熱情，發揮更大的主動性。在知識經濟時代，企業的核心員工往往比管理者更加專業，對自己的工作比管理者更為熟悉。解決這個問題最重要的方法就是選擇優秀員工，相信他們，給予他們足夠的施展個人才智的空間與權力。

相信別人這個道理是顯而易見的，我們可以懷疑某個人的能力，但不能懷疑所有人的能力。突破「懷疑」是很多領導者面臨的一個重大問題，一切關於策略變革、組織變革等能否有效突破的問題，首先是企業領導者能否自我突破的問題，這關係到他們的企業能夠到達的高度。但是大多時候，大多數管理者都相信自己，對他人不放心，經常干涉員工的工作，這恐怕是管理者的通病，對於從工作第一線成長起來的管理者更是如此。但是，這樣在企業中往往會形成一個循環：領導者不信任員工，一遇到緊張階段或者棘手的問題，就想自己插手，變得獨斷專行。而員工就會被束手束腳，養成依賴、從眾和封閉的習慣，有主動性和創造性的核心員工即使不離開，這種氛圍下也會變得碌碌無為。時間長了，企業就會喪失生機和活力。

奇異電氣公司在威爾許上任的時候，這個巨大的組織就面臨著這樣的問題，龐大的組織彌漫著官僚氣息。威爾許對此指出：「領導者管得少，才能管得好。」他把信任員工和充分授權看作是現代管理的真諦，並將這個管理理念在整個通用公司管理層中加以推廣。除通用公司外，在這方面值得一提的還有微軟公司。

蓋茲從來都是把繁事簡化，因為他認為自己的員工都很聰明，應該信任員工，讓員工自行決策，如果員工不守法，它會單獨處理這個員工，而不是處理所有員工。微軟的員工對他們的工作有權作任何決定，因此他們的決策非常迅速，但每當他們要提出一項建議時，也必須提出適合的替代方案，並列舉優缺點。這樣做的用意是要訓練員工的思考能力，如果事先都將可能的狀況和問題考慮過了，當原方案失敗時，就可以立即採用替代方案，不會措手不及。

「真正的研究是無法限定期限的，因為都是一些未知的東西，但開發必須有期限，這是研究與開發最根本的區別。但是，如果我花了兩年時間還沒有研究出結果，我就會認為這個專案可能不是一個非常好的專案，我往往會放棄它。」

微軟首席技術官巴特對蓋茲在員工信任方面的做法頗有感觸。五十二歲的他透過蓋茲親自面試進入微軟公司，得到了相當寬鬆的工作環境。之後，除了蓋茲有時向他請教一些問題外，幾乎沒有別人來打擾他。巴特說：「微軟也不給我派什麼任務，也不規定研究的期限，我可以一門心思的鑽研一些我感興趣的問題。有時，蓋茲來問我一些很難解答的問題，比如大型存儲量的伺服器的整體架構應該是怎樣的？像這一類的問題我一般都不能馬上回答，而要在一兩個月之後才能答覆，因為我要整理一下材料和思路。」

在這種充分的信任下，巴特既不需要從事繁重的產品開發工作，也不需要從事繁瑣的行政管理工作，只是安心從事自己喜愛的科學研究就可以了。大多數時間他都待在微軟研究院裡，即使幾個月、一兩年都沒有研究成果，他的薪資和股份也不會受到影響。在這種寬鬆的工作氛圍的吸引下，謝利、巴爾默、西蒙伊、萊特溫……一批英才聚集到微軟的大旗下，圍繞在蓋茲的身邊。「這都是些重量級的思想家。」蓋茲頗為自豪說。

然而這種信任換來的並非是員工的碌碌無為，因為員工們有了足夠的空間和自由去發展自己的才能，追求自己的夢想，其成效反而更大。以巴特為例，在加入微軟的最初四年，他就研究出六項重大成果，其中電子郵件的加密軟體程式在業界的影響很大。

由此可見，信任員工，可以充分激發他們的創造潛力，甚至能夠為公司帶來不菲的價值。對於大多數的管理者而言，信任員工就需要作一些具體的調整。

1 要信任別人的辦事能力

孔子說：「三人行，必有我師。」任何一個人都有弱點，如果企業或部門領導者傲視一切，目中無人，不能集思廣益，那麼一個企業要有長遠的發展是不實際的。信任別人的辦事能力，就是對員工的一種鼓勵、鞭策。每個人因其自身素養的不同，辦事能力會不同，辦事效率也有高低之分。管理者需要廣開言路，真心實意的聽取別人的意見或建議，集眾人之長，克己之短。領導者要多聽、多思考、不斷甄別真偽，慎重作出決策。這才是一個負責任的領導者。

員工恐怕最不喜歡不善於聽取別人意見和建議的領導者了，他們往往在員工提出方案和方法之初，就一口否決，這是對員工辦事能力的不信任。

2 要學會信任員工的道德素養

作為一名企業員工，誰都有人格和尊嚴，如果一名員工被懷疑，特別是個人的道德情操被懷疑，那麼勢必極大挫傷其工作的主觀能動性。領導者總是對員工持懷疑的態度，其他員工也會受其影響，員工人人自危，把工作中的創新當作「雷池」，不敢逾越一步。

3 信任員工就要為他「鬆綁」

許多企業領導者習慣按照老闆領導者指示辦事，聽老闆領導者的話，這樣就不會犯錯誤或者少犯錯誤。久而久之，企業領導者的內心深處便會形成：員工必須無條件服從「我」的指示，照「我」的辦，聽「我」的話的意識，就會在企業文化中傳播一種「奴役文化」。我們的許多企業不乏管理現代企業的章程，引進了許多先進的理念，但仍然不乏家族式的企業，家長式的指揮。為員工「鬆綁」，讓員工展露才華，為他們提供平台，這才是一個企業優秀領導者的寬闊胸懷，這樣才能獲得你的團隊的信任。

別傷害員工的心

尊重你的員工是企業經營管理人員必須學會的一門功課。對員工的成績一定要給予肯定，千萬不能口無遮攔的妄下評論，那樣會傷害員工的心。給予員工一分的熱情，你獲得的是員工十分的報酬。

談到尊重，不得不提的便是對他們工作的尊重了，無論他們的工作在領導者眼裡看起來多麼不值一提，都是組織不可缺少的一個環節，而且他能做得很好，就要另眼相看。尊重員工的工作成果，再小的成績，也許在你看來微不足道，對他來說卻是盡了很大的努力，因此，你都應當給予積極的肯定和鼓勵。很重要的一點，即要尊重他們的工作方式以及思維習慣。我們的每位員工，他的文化背景不同，成長環境的不同，家庭教育的不同，都可能造成個人工作方法各異。

被稱為全球第一 CEO 的傑克．威爾許，他在奇異電氣二十年的任期內，將奇異電氣集團帶入了輝煌。而在威爾許接手奇異電氣之前，他只是集團一個分公司的經理，他是憑藉什麼獲得後來的成就呢？讓我們回顧一下威爾許在做中階主管管理時的經歷：

當時，他負責的分公司存在一個很大的問題，幾乎威脅到分公司的生存。威爾許為此頭痛不已。後來他想到了一個很好的方法，不僅解決了成本問題，而且還給公司創造了很大的效益威爾許專門在自己的辦公室裡安裝了一部單獨的電話。這部電話對外不公開，專供公司的採購人員使用。只要某個採購員從供應商那裡贏得了價格上的讓步，就可以直接打電話給威爾許。

此時，無論威爾許在做什麼，哪怕是在談一筆一百萬美元的生意，他都會立刻放下手頭的工作接電話，並且說：「這真是太棒了！」然後還會給這個採購人員起草一份祝賀信。

方法看似簡單，卻非常有效。透過這種直接的溝通和鼓勵，讓採購人員感受到工作的重要性與榮譽感，使得採購人員的工作熱情大幅上升。沒過多久，公司的採購成本就降下來了。節約成本就是創造效益，威爾許用這種辦法創造的效益，不僅體現在節約成本上，它對員工產生的激勵作用，才是更大的效益。員工是公司的財富，他們的積極性在基本上決定了公司的效益。威爾許的電話不僅給公司帶來了效益，更讓員工感到自己的工作得到了尊重，能力得到了信任，工作的積極性自然就提高了，由此產生的凝聚力、向心力，更會使公司一本萬利。

威爾許正是明白了這個道理：尊重員工、尊重員工的工作，就是尊重自己、尊重公司，這樣不但使公司獲得了短期的經濟效益，更為公司贏得了長久的人力資源效益。

一個企業領導者應該注意到其員工的工作效果，而不只是工作方式方法。要和他們多溝通，多鼓勵他們發表自己的見地，在不影響總體目標和成果的前提下，給他們一定的空間按照自己的想法去做，這樣，他們無疑會喜愛他們的工作，他們的團隊。

IBM 擁有三條準則，這三條準則對公司成功所作出的貢獻，被認為比任何技術革新、市場銷售技巧或龐大財力所作出的貢獻都大。其中，第一條原則就是「要尊重員工的一切」，這條原則早在一九一四年老湯瑪斯·華生創辦 IBM 公司時就已經提出，小湯瑪斯·沃森在一九五六年接任公司總裁後，將該條原則進一步發揚光大，上至總裁下至傳達室，無人不知，無人不曉。IBM 公司的「尊重個人」既體現在「公司最重要的資產是員工，每個人都可以使公司變成不同的樣子，每位員工都是公司的一分子」的樸素理念上，更體現在合理的薪酬體系、能力與工作職位相匹配、充裕的培訓和發展機會、公司的發展有賴於員工的成長等方面。

惠普是世界一流的大公司，它之所以能夠取得成功，在惠普的許多經理看來，靠的是「以人為本」的企業宗旨。惠普公司「以人為本」的宗旨主要體現為關心和重視員工、尊重員工的工作。惠普的創始人休利特和當了四十年研製開發部主任的奧利弗，都要經常到惠普公司的設計現場去，和基層員工交流意見，察看員工們的工作情況。以至於兩人不再任職後，公司的職員們卻都有一種感覺，好像休利特和奧利弗隨時都會走到他們的工作台前，對他們的工作提出問題。在惠普公司，領導者總是同自己的下屬打成一片，他們關心員工，鼓勵員工，使員工們感到自己的工作成績得到了承認，自己受到了重視。這些無不體現了公司對員工的重視和關心，員工獲得了公司的體貼與愛護，作出的成績得到了公司的肯定，他們的工作也就更加努力。從惠普的例子，我們看出，尊重和關心員工，認可他們的工作，能使他們得到鼓舞，得到滿足，這有助於激勵他們努力工作。

我們要學會尊重和關心員工，並在這方面下工夫，領導者可以試著從以下幾個方面做起。

1　要充分信任你的員工

現在有的管理者常常埋怨員工沒有自信心、缺乏責任感，因而不尊重、不認可他們。但是，我們要用逆向思考試著去想，如果領導者充分尊重和認可了員工，那麼他們還會缺乏自信心和責任感嗎？自信和責任受制於主觀和客觀兩個方面，領導者的信任是一個很重要的客觀條件，領導者的信任是提升員工自信心和責任感的重要因素。

2 要打破階級觀念

尊重你的員工，就要把自己和員工放在一個平等的位置。領導者要尊重員工，並經常同他們進行開放式的溝通，用這種辦法來使團隊中的每一位成員都感覺到自己在公司的重要性。

3 要尊重底層員工的工作

在一個組織當中，階級關係主要體現在職位的高低上，職位高的人一般更容易受到尊重，而職位低或者沒有職位的員工可能不易被人重視。作為一名領導者，如果你能善待每位員工，將每位員工的工作都看作是很重要的事情，尤其是那些不被人重視的底層員工的工作，那麼你的親和力就會體現得更加明顯。

4 要平等對待每位員工，盡量做到公正

組織領導者不能從個人偏好出發而刻意喜歡或者厭惡某位員工。領導者應該認識到，每位員工的付出都是組織所必不可少的，他們對組織的存在和發展具有同樣重要的作用。無論是對誰好，都會影響到某些員工的工作積極性，只有做到一視同仁，才能充分調動所有員工的積極性。

獲得員工的信任

先讓我們看一個成功的案例：原G電器董事長朱江洪與總經理董明珠之間的故事。當董明珠還只是一個業務員的時候，朱江洪慧眼識英雄，將她提拔為經營部長。沒想到董明珠的行事風格是只講原則，不講人情，這種性格讓董明珠在上任不久就得罪了一批人，如果沒有朱江洪在背後對董明珠的大力支持，光是人際關係這一點就能使董明珠待不下去。也正是朱江洪的大力支持，使得董明珠毫無後顧之憂的對公司進行了大刀闊斧的改革，直至取得了今日G電器的輝煌。對此，科龍電器前總裁王國端曾評價說，「朱江洪遇到董明珠是朱的福氣，董明珠遇到朱江洪是董的運氣。」可以說，朱江洪與董明珠就是一個最佳的合作團隊，而正是因為他們之間互相信任、互相支持，才有了今日的G電器品牌。

同樣是這種上下級的團隊合作關係，失敗的案例也不少見。比較典型的當數原伊利的鄭俊懷與牛根生之間的關係。當初，鄭俊懷與牛根生之間的關係也是非常和諧的，鄭俊懷負責公司策略調控，而牛根生則具體負責公司的生產經營，兩個人的搭配也算完美。兩人合作最完美的時候，伊利百分之八十以上的營業額都來自牛根生主管的各個事業部。只不過由於後來牛根生的「功高震主」，再加上雙方在宏觀經營策略上的分歧，才使得鄭俊懷對牛根生產生了防備的心理，並導致兩人之間關係不斷惡化，直至後來牛根生被逼「辭職」，重新創業開闢蒙牛天下。可見，不管多麼優秀的團隊，一旦成員之間的關係出現了不好的變化，其戰鬥力就會大受影響，並很可能因此而導致團隊的破裂。

有一位家電企業的業務員，能力優秀，業務嫻熟，經常為公司找到大的客戶。到公司僅僅一年，就為公司賺來了巨額利潤。

在年終總結大會上，負責行銷的老闆特地邀請他坐到自己的身邊，對他大肆誇讚，並宣稱，公司一年的業績主要歸功於這位業務員。會議結束後，老闆給了該業務員一個紅包，業務員很高興接過來，打開一看，心裡立即涼了半截：公司給他的獎金與他的期望值相差太大！失落感油然而生，但業務員沒有表現出來，他很好的克制住了自己。

第二年，這位業務員利用公司管理的漏洞，私下裡跟客戶進行了好幾次交易，並將盈利裝進了自己的腰包。由於公司管理不到位，等公司發現他的問題的時候，他早已不知去向。

這種因個人利益得不到合理的體現而損害團隊利益的事情，在現實中並不少見。它從根本上反映出個人利益與團隊利益的矛盾。許多時候，團隊領導者為了平衡大家的心理，不得不把本該發給某個人的獎金分出一部分來發給其他成員，結果在安撫了其他人的同時，卻把那個能力最優秀、貢獻最大的員工得罪了。從結果來看，這種行為得不償失。因為能力最大的員工，往往破壞力也最強。即使他能夠克制住自己的報復欲望，只要他不再盡心工作，團隊的業績還是會受到很大的影響。所以，對團隊領導者來說，是誰該得的就該給誰，不能為了所謂的「穩定全面」而侵害某個人的利益。

此外，領導者還要懂得如何獲得員工的信任：

1　讚美下屬，讓他們有認同感

「我沒有你那麼高的權威，賺的錢也沒你那麼多，我沒有你那麼大的房子，也沒有受過你那麼高的教育；但和你一樣，我們也是人，也有家庭。當和孩子鬧翻後，我心裡難過，心猿意馬，無法專心工作；當孩子獲得獎學金時，我自豪，甚至想站在屋頂上大喊。」說到底，人都是要面子的，無論月收入過萬的商級白領，還是身處社會最底層的草根民眾，他們都渴望被認同，得到別人的承認。之所以員工容易出現這樣的消極情緒，就是因為他們覺得自己在公司裡缺乏認同感，從來得不到領導者的表揚與肯定。

在不少領導者看來，員工犯錯就絕對不可饒恕，而員工事情處理正確，也只不過是分內之事，是他們應該做到的，何必表揚呢？難道母雞生蛋了，還得大肆表揚？下蛋是母雞的本職，何來的表揚？這就是相當部分領導者的管理邏輯。可是員工們並不這樣以為，他們認為自己沒有功勞也有苦勞，難道辛勤的工作竟然換不到一句肯定的話語？

曾任美國鋼鐵公司第一任總裁的查理斯史考伯就說「能把員工鼓舞起來的能力，是我擁有的最大資產，而使一個人發揮最大能力的方法。就是讚賞和鼓勵。」

只是一句簡單的讚美，或者是對工作的肯定，員工就會找到屬於公司一分子的認同感，而這種認同感將是他努力工作最大的推動力。領導者不要忽視了讚美的作用。人畢竟不是冷冰冰的生產工具，他們是有情感的社會性生物，他們需要得到別人的肯定與認同。

2 公私分明，善待下屬

是非分明，消除猜忌對工作的順利進行很有幫助，這種坦然相對的溝通態度，對工作中的交往同樣很有益處。有些上司和下屬，離開公司後就老死不相往來，表面上客客氣氣，思想上卻常常很難達到統一。作為領導者，時不時組織小組成員聚會，可以作為日常的放鬆，也可以作為一次成功完成任務後的獎勵，這樣不僅有助於緩解員工的壓力，還能促進大家的相互信任，營造更和諧的工作氣氛。

3 提高工作能力，樹立領導風範

與員工保持信任的狀態相當重要，但領導者畢竟還需要自足夠的氣魄和權威。缺乏實力的領導者，即使親和力再好，也只能與員工做朋友，在面對問題時，卻常常調動不了下屬來共渡難關。所以，一名優秀的領導者在生活中要多多與員工交流，但在工作上必須一是一、二是二。嚴謹的工作態度能讓你得到高層的信任，從而在必要之時站出來為下屬爭取贏得的利益，這樣同樣會增強下屬跟隨你的信心。

給員工一定的決策權

能最大限度的發揮員工的才幹是管理者成功的前提，對有能力的員工要給予適當的位置，使得人盡其才，這也是獲得員工信任的一個好方法。最有效的方法莫過於讓那些優秀的員工擔任高一層的工作。因為無論任何工作，只要讓他擔任哪怕只是個小主管，他就覺得已確立了地位，幹勁就會實足。當然，有時並沒有領導者職位，故只有退而求其次，可讓他當個指導者，指導後進人員，或者乾脆建立責任制度。

有許多基層的員工，雖然他們很優秀，但他們從不考慮工作的整體，覺得想休息就不去上班。一旦職位高升，反而會認為「工作第一」。許多基層下屬總是與上司呈敵對狀態，一旦賦予他某種責任，他反而會改變態度，熱心督促屬下工作。你也可對年資滿一年以上的員工說：「你們現在已是公司的中堅分子，工作純熟，因此我要你們來指導新員工。要知道，這是一項很重的工作，希望你們好好的做。」這些人一旦擔任指導者，清楚了自己的地位，工作起來就格外的富有熱忱。

由此看來，讓下屬確立位置並非一定要賦予某種實實在在的地位。只要在感覺上有人信任他、拜託他，使他感覺自己儼然是位經驗老到的人，就可以使其自認已確立地位了。也就是說，只要讓他專門負責某件事，使其獨當一面，就會達到這種效果。當然，可能的話，應當賦予相當的待遇。

另外，每個人都希望自己的地位節節攀升。你若經常置某個下屬於某個地位上，他會漸漸降低工作意念。因此，你必須讓他成為實力更高的人，使他能得到較高的地位。然後在日常工作中加以訓練和指導。如此一來，使他們體會到，在團體組織中地位高升的實在感，那才會使他們有幹勁。同一組織內，有不少員工都有著豐富的經驗，這些人之所以鬥志高昂，是因其在工作職位了有種無法動搖的地位，使他們自豪、有信心。

據管理專家及一些大企業對各級管理層所做的調查發現，他們每天需要對五十三件～七十七件事做出決策，或者做出選擇，採取行動。其實，無論是高級管理人員還是一線的組長，每天都需要對許多事情做出決策，一些看似簡單或無關緊要的決策，實際上卻異常重要。

一位廣告板製作商，他的工作主要是把客戶的構想繪製在膠合板上，通常是六十英尺長三十五英尺寬。有人認為他的工作純粹是複製，根本不需要做什麼決策。但是，他卻認為「我需要做出無數決策。從廣告板的重量、色彩、品質到效果。」儘管他工作的整個框架已經固定，但是，他卻需要面對許許多多的小決策，而這些小決策疊加起來卻會產生巨大效果。也就是說，同樣承擔同一公司業務的人製作出的廣告板肯定有差異。

不論哪個企業和機構，每個員工都需要做出決策，因此，企業管理者應當適當放權，一方面讓員工感到自己是企業的重要組成部分；另一方面培養員工處理問題的能力，在問題剛出現時能夠立即給出恰當決策，並立即行動。所以，管理者一旦授權，就應給予下屬充分的信任，給他工作上最大的自由度，包括給他做具體事情的決策的權力。

前北歐航空公司最高副業務主管詹·蕾爾佐統計發現，第一線的員工每天需做出大約十七萬個大大小小的決策。當他升任最高業務主管時，公司每年的客流量已經達到一千萬，員工與顧客的接觸機會達五千萬次。因此，員工的服務狀況將直接影響公司的效益。他說：「員工每天做出的決策會產生正面效果和負面效果，我們盡量避免負面效果。可以說，這是決定公司成敗的關鍵因素。」

管理者應適當放權，這似乎是每一個從事管理工作的人都知道的道理。但不難發現，許多管理者都不能把決策權充分授予員工，這是因為，儘管強調員工的決策具有重要作用，但是，這種作用卻幾乎是無形的。因此，大多數管理者對員工的決策和行動進行直接而全面的監督、干涉和控制。美國的商業策略專家詹奎茲認為：每個員工任何時候都會做出決策，而這些決策與他們擁有的決策權和判斷力有關。一個優秀的管理者應該適當放權，讓員工充分信任你，並使員工的才能充分發揮出來，因為，員工對公司了解的程度絕對不比高級管理層差。

不論是企業老闆還是員工，不論是大決策還是小決策，人們的判斷力、擁有的決策權和給予的建議至關重要，它們將影響決策本身和最終效果。正如詹奎茲所言：員工的判斷力、決策權和建議是任何一項工作的組成部分，不論工作特性如何，也不論處於哪個決策層。然而，一些管理人員認為，授權給員工將使企業變得混亂不堪，而設立的規則和管理層越多，對員工進行的監督越全面，給他們出規的機會越少，越好控制局面，自己的決策才能貫徹下去。但是，有兩個方面需要注意：第一，任何企業不可能百分之百的控制員工的工作。一定程度上講，員工不得不使用自己的判斷力；第二，全部控制員工的決策權只會產生最低效果。

他（她）具有百分之百的控制權，每個演奏員必須聽從指揮棒。交響樂團指揮的控制權看起來很大，演奏員絕不可能隨便演奏，指揮實際上控制著整個表演過程的各個方面。但是，交響樂團的一個成員說：一個偉大的指揮家最具魅力的地方就是用最微妙的手勢產生巨大效果，他讓你了解他的意圖和期望獲得的效果，他透過指揮棒了解每個演奏員的能力，他需要和諧和力度，他給每個人充分決定權。但是，如果你越想控制，獲得的效果越糟，到頭來就只剩下生氣了。

因此，完全控制是不可能的。即便是在競爭激烈的商業環境中也不應該如此，否則你將因為自己的管理失策而失去市場優勢。應該說，任何一個領域都要遵循一個原則，那就是給員工一定的決策權。

做好企業的根本保證

一位企業家曾經這樣說：「如果我看到我的經理工作出色，我會很興奮，我會衝進大廳，讓所有員工都看到這位經理的成果，並且告訴他們這位經理的工作有多麼傑出。這其實也是教育其他人、激勵當事人的絕妙機會。」

的確，企業老闆應該學會用讚美的語言去鼓勵經理。讚美不僅能夠增強人們的信心，還會給人以巨大的鼓舞，賦予人一種積極向上的力量，因此，企業經營者應該善於利用讚美來激發經理的鬥志，讓他們身心愉快；即使他們犯了錯誤，也應讓他們能夠心情愉悅的改正。不斷的批評只能讓經理自己感到失望，而更多的讚美則能使經理對自己有著堅定的信心，從而幹勁十足。如果企業老闆從來不對經理表示讚賞，時間長了，經理心裡就會猜疑：老闆怎麼從不表揚我？是對我有偏見還是無視我的成績？結果，企業老闆和經理之間的隔閡就加深了。

企業老闆應該經常對經理的工作成績表示肯定，要及時表達你的思想，要學會適時的表揚和嘉獎你的經理。即使在經理工作表現一般時，也要表示關心和肯定：你最近心情不好嗎？怎麼會呢？你的工作成果非常好，沒有理由不高興！經理聽了這些話後，一定會非常開心，進而主動去尋找解決問題的方法，以證明自己的工作的確非常出色。

激勵經理，特別是高層經理，更重要的是要在經營理念上取得一致，即達成一致的理念型心理契約。

高素養的經理會更重視價值觀、理念方面與公司的一致性，因為他們要想取得高收入並不難，很多著名的經理人通常同時有很多家企業願意邀請其加入，那麼誰能夠和經理人的理念取得一致，誰就會贏得他們的忠心。

1　率先示範

企業老闆如果能夠率先示範、以身作則，無疑對經理有著巨大的激勵作用，這能夠讓他們自動自發的形成一種積極向上的態度，熱情投入工作。

一九六五年五月，東芝電氣公司業績慘澹，危機四伏。六十八歲的士光敏夫被邀請作為東芝電氣公司的總經理。當時公司的作風華而不實，奢侈成風，經理室及部門主管的辦公室都配有專門的浴室和廚房，還雇有專門的廚師。士光敏夫第一天到任就拒絕了經理食堂的菜餚款待，他說：「不是有基層員工食堂嗎？到那裡吃就行了。」同時，士光敏夫還決定拆除各領導幹部的專用廚房設備，把經理的專職祕書調走。這些舉措震撼了公司的每一個員工，他們的工作熱情不斷高漲，公司很快就走出了低谷。

2　給予行動支持

在工作中，經理會遇到很多自己難以掌控的事情，或者超越許可權的事情，或者遇到各種各樣自己暫時無法解決的困難。這時候，企業老闆一定要迅速了解事情的真相，及時給予經理精神上的鼓勵和支持，同時也要盡力給予行動上的最大的支持。要充分信任、大膽放權，這樣經理們才能最大限度的發揮積極性和創造性。

有一次，玫琳．凱化妝品公司的一位新來的業務員在跑行銷屢次遭到失敗後心情極度沮喪，對自己的行銷技能幾乎喪失了所有的信心。玫琳．凱得知此事之後，找到這位員工說：「聽你的前任老闆提起你，他說你是一個很有幹勁的小夥子，認為把你放走是公司一個不小的損失呢……」這一番話把小夥子心頭那快要熄滅的希望之火又重新點燃了。果然，在小夥子冷靜的分析了市場後，他的業績終於獲得了巨大的提升！

其實，玫琳．凱也許根本沒有和小夥子的前任老闆談過話，甚至小夥子根本沒有那麼出色，但是這種撫慰式的鼓勵卻讓這位員工重新找回了自尊和丟失的自信。為了捍衛尊嚴，他做了最後的一搏，終於以成功增強了自己的信心，也證明了玫琳．凱的眼光的確沒有錯。與很多企業的老闆動不動就對犯了錯誤的經理或其他員工大聲呵斥、動不動就炒魷魚的行為相比，玫琳．凱的撫慰激勵不是更有效果嗎？

給予經理高度的信任也是激勵其全力工作、愉悅工作的有效手段。信任是人與人之間一種最可貴的感情，尤其是在企業和經理之間就顯得更為珍貴。用信任來激勵經理，可以讓他們在工作中發揮主動性和創造性，點燃他們的工作熱情。

當你發現某個經理原本非常敬業、最近卻像是在夢遊似的頻繁出錯，原本非常有時間觀念的經理最近經常遲到早退，原本人緣很好的經理連續幾天都莫名其妙對同事發火、滿腹牢騷，還有的經理刻意迴避公司舉辦的各種活動，對公司的安排感到不滿，等等這些情況時，企業老闆應該注意，這有可能是他們向你發出了不信任的警訊：他們有不滿，又不便向老闆直接說出來，便採取消極的形式，以引起老闆的注意。

企業老闆針對經理的以上情況要採取一些措施，應給予他們充分的信任。要知道老闆與經理之間的相互信任可以讓企業贏得更大的發展機會。

卡內基本人對鋼鐵製造、鋼鐵生產的工藝流程知道得並不多，但是他手下卻有三百名精兵強將，他們在專業方面都比他強。卡內基很善於用信任來激勵他們，他大膽放權，讓這些比他更厲害的人聚集在他的周圍，從而獲得了事業上的巨大成功。

如果老闆對經理總是半信半疑，疑神疑鬼，既害怕他們才能太高難以駕馭，又害怕他們對公司有所保留，不肯盡心盡力，那麼經理的積極性和創造性就很難充分發揮出來，更不要說開創新的局面了。

成功的老闆一定信任經理的智慧和才能，接受和支持他們創造性的建議，增強和激發他們的安全感、責任感和自豪感，這是做好一個企業的根本保證。

用人要做到信任

用人不疑是事業成功的基本條件之一。信任是組織團結、事業成功的基本保證，而缺乏信任的組織必然人心渙散，組織成員必定毫無鬥志，組織目標自然難以實現。

與信任相反的兩個主要表現，一種是多疑，另一種是輕信。人與人之間建立信任關係，一般應遵循兩條基本原則，一是前提原則，即對任何人在沒有弄清楚他是否可以信任之前一律以信任為前提，對他予以信任，直至他的行為使你不能再信任為止；二是檢驗原則，即判斷一個人是否可以信任，必須透過實踐檢驗。而多疑與輕信正是違反這兩個原則的錯誤表現，多疑否定前提原則，與人交往時不是以信任為前提，而是以懷疑為前提；輕信否定檢驗原則，對人的信任不是建立在實踐檢驗的基礎上。多疑的人易於輕信流言，往往是流言的俘虜；而輕信的人有時又同入懷疑的陷阱，對某些人的輕信會導致對另一些人的懷疑。

一些領導者在用人時存在一些盲點：一是開拓一項新的事業，總是有不同意見，有各種阻力，雖然用人得當，但如果在意見相左、議論紛紛中不能正確決策、正確指揮，半途而廢，鍛鍊、考驗不了幹部，這樣既浪費人才也貽誤事業。二是使用新人，開拓新的事業，總有人懷疑其是否成功。其實，聰明的領導者不怕失敗，甚至把失敗看作是一種必要的投資。松下幸之助曾指出「用人首先要信賴，然後是大膽使用，這樣，部下就會發揮出超過實際的力量。即使是失敗，也應該認為那是為了他本身的成長而做的投資」。三是一邊使用人，一邊懷疑人，既要別人做，又不給人家權，如何能做得成事業？

用人要做到信任，就必須記住：多疑不可取，輕信不足取。領導者工作中去疑和排疑應該注意：第一，坦率磊落，具有透明度。在不斷變化和發展的社會生活中，許多表面上的知識和價值觀念會有所變化，但一般來說，人們心靈深處的觀念是相當穩定的，不會輕易改變。因此人與人交往，只要彼此肝膽相照，就能夠找到溝通思想的管道，就有相互信任的基礎。而多疑的人，通常是城府很深、表裡不一、不願意袒露內心世界的人，這種人越是遮掩自己的內心，越容易產生

用人要做到信任

對他人的懷疑。用人者力戒多疑，首先要坦率磊落，做一個具有透明度的人，不要虛與委蛇，敷衍應付，更不要在自己的用人活動中言行不一。第二，明智清醒，堅持辯證法。客觀事物都是錯綜複雜的，用人者分析問題和處理問題時，在任何情況下都要保持清醒的頭腦，堅持用科學的思想方法全面而辯證的看問題，只有這樣，才不至於被表面的假象所迷惑，也不至於產生不必要的懷疑。第三，保持主見，不信流言蜚語。聽信流言蜚語是使人生疑的重要原因，用人者保持正確的主見，不被流言蜚語所左右，這是排除疑心，避免讒言蠱惑的有效措施。

戰國初年，魏文侯派將軍樂羊領兵討伐中山國。當時樂羊的兒子樂舒在中山國做官。兩軍對陣時，中山國想利用樂舒達到使樂羊退兵的目的。為了爭取中山國的民心，樂羊採取了圍而不攻的軍事策略。這種情形傳到魏國後，一些人指責樂羊，說他為了保護自己的兒子而置國家利益不顧，故意不肯發兵攻城，並寫了不少狀子告到魏文侯那裡。魏文侯不輕信這些流言，一方面派人到前線慰勞樂羊的部隊，一方面為樂羊修建新的住宅。後來中山國無計可施，只得把樂舒殺了。

樂羊指揮軍隊發起進攻，一舉攻破中山國，中山國君自殺身亡。樂羊勝利還朝，魏文侯為他舉行宴會慶功。宴散之後，魏文侯留下樂羊，送給他一個密封的箱子。樂羊打開一看，全是揭發他圍城不攻的狀子。樂羊感動得流淚，明白如果不是魏文侯對他的信任，不但破不了中山國，連自己也難免要做刀下鬼。

由於魏文侯一貫堅持用人不疑的原則，在他當政期間，君臣之間、臣與臣之間互相信任，出現了賢才群聚的局面。魏國日益強盛，成為當時很有聲望的諸侯國。

用人不疑，這是任何用人活動都必須遵循的一個重要方略。事實證明，建立良好的信任環境，是順利開展用人活動，取得事業成功的保證，也是魏文侯用人藝術的高超之處。

從本案例中給我們的啟示：

1 領導者用人必講信任

《禮記．禮運》上說的「選賢與能，講信修睦。」就是指在「選賢與能」的用人活動中，用人者要以誠待人，只有做到「講信」，才能有用人者與被用者之間的「修睦」。

2 被用人需要信任

社會生活的人，都有要求受到他人尊重的需要。用人者對被用者的信任，正是給予被用者作為一個人所固有的這種需要的最好滿足。現代管理理論指出，管理的核心就是面向人，尊重人的人格，滿足人的需要，而所謂面向人、重視人的管理，關鍵只在：信任。

3 信任是組織的凝聚劑

信任能夠溶解人際間的隔閡，增強群體的內聚力。麥戈雷戈說：「相互信任是有效的組織關係中的基本要求。」組織中的不和或分裂，常常是因為用人者與被用者互相信任的程度不足，或者根本缺乏互相信任。所以諸葛亮曾說：「夫用兵之道，要在人和，人和則不勸而自戰矣。若使將吏相猜，士卒不附，忠謀不納，群下謗議，饞慝互生，雖有湯武之智，而不能取勝於匹夫，況眾人乎？」

4　信任的回報通常是「士為知己者死」

用人者對被用者的真誠信任，本身就是一種激勵，一般能夠收到被用者主動性和積極性的回報。有些用人者深知信任可以得到積極的回報，所以他們把信任被用者當作一種重要的用人方法和藝術來運用。

成功領導者的共同特點就是善於知人用人，構建統率一支具有強大的凝聚力和戰鬥力的團隊。所以，我們應該像魏文侯一樣，明辨是非，去偽存真，用人不疑，才能創造一個良好的信任環境，為事業的成功奠定基礎。

第六章　請把員工當回事

越來越多的企業老闆抱怨企業越來越難做了，下屬越來越不信任自己了。相當大一部分人在經營企業的時候，根本就沒把下屬和員工當回事，事實就是這樣，誰不把下屬和員工當回事，下屬和員工就不把誰當回事。

不要粉飾自己的過失

張輝是P房地產公司的行銷部經理，最近他遇到了一件煩心事：副經理姚用向自己提出辭呈。

原來，P房地產公司是房地產業的新軍，不過起步不凡：公司握有一塊兩千多畝的寶地。專案亟待啟動，人才嚴重缺乏。在這種情況下，P老闆用盡各種手段，將在另外一家公司任行銷部經理的張輝挖了過來。不過，張輝也有許多顧慮：其一，P公司由其他行業轉行而來，在房地產的開發及運作理念上，從上到下都難免存在一些認識上的問題，而要和這些問題作鬥爭，難度不會小；其二，P公司屬於家族企業，裡面既有「皇親國戚」，也有跟隨老闆多年的創業元老，難免會牽涉到派系鬥爭，壓力不會小。

如果自己孤身前往面對這些問題，形單影隻單兵作戰，難免力量太過薄弱。一定要有個助手，要有個可以倚重的「自己人」。可是，專案地點在六百多公里外的異地，該找誰來幫自己呢？張輝想到了老部下姚用。

姚用個人能力也挺強，以前在一起工作的時候，他就十分支持張輝的工作。面對可以從所有銷售人員的頭上抽成的機會，面對高出三倍的底薪，面對行銷部副經理的職位，姚用很快做出了到P公司工作的決定。姚用的到來確實讓張輝安心了不少。可在隨後的兩個多月中，隨著行銷部與工程部、人事行政部等部門鬥爭的不斷顯現，姚用挺不住了，動了辭職想走的念頭。

張輝心想，姚用這一走，倒不會太影響銷售人員的日常培訓、管理及售樓部現場的管理，透過幾個月的觀察，從銷售人員中提個現場經理做自己的副手問題不大。問題是，這個人能與自己一條心嗎？就算能與自己一條心，他又能具備姚用那樣的跨部門協調能力，以及和自己一起鬥爭的決心與能力嗎？

可是放不放他，張輝說了也不算，還得靠姚用自己做決定。

張輝簡直為姚用要走的事煩惱。

有的企業老闆一談到企業人才流失的時候，經常會以「人員太固定了，日子一長，小王就會看著小張，小張就會絆著小楊，員工不僅思想會固化，還會養成惰性」之類的言語，來替自己開脫。

不能否認的是，企業中員工適當流動可能帶來有益的變化，但是，假如某企業所流失的小王跳槽到一家大企業當上了大區經理，小張和小楊到了另外一家企業分別做了行銷總監和技術研發部經理，總之他們都成為了其他公司的業務骨幹，並且業績都很出色，那麼，我們就有理由認為：流走人才企業的老闆都在粉飾自己的過失。

可惜的是，在我們的身邊有不少如此的企業，如此的老闆。如果他們始終難以靜下心來，仔細分析人才流失背後所潛藏的自己的過失的話，這些企業在未來將仍然難以留住人才。

我們這裡所講的「過失」主要包括哪些因素呢？

1　不能兌現承諾

錢散人聚，錢聚人散。這是個古老而樸素的道理。但很多企業總會出現這樣的情形：效益好的時候不見加獎金加薪，資金吃緊的時候不是拖，就是一半一半的發下班資；為了刺激出成績，承諾完成指標的獎金、提成有多少多少，真到了年底，總會想出各種辦法剋扣；急需某個人的才幹的時候，乾股、分紅掛在嘴邊，人家完成了任務，甚至會不給一分錢就急急忙忙將之炒魷魚趕出門。

2 難以信任員工

誰不希望得到尊重，感到自己有成就？也就是說，即使老闆們打心眼裡不信賴任何一個員工，也要偽裝得高明一點，讓員工覺得，老闆們是給予了他們充分信任的，是肯定他們的成績的，是會支持他們放手去做的。可對不少企業而言，老闆剛剛在自己的辦公室大講特講「疑人不用，用人不疑」，轉眼就會安排一個親信到某人身邊當「眼線」；剛剛誇過某個部門經理做得不錯，轉眼就會當著這個部門經理的面，越級安排他的下屬。

這些行為能讓員工舒心的工作嗎？

3 家族企業裙帶關係嚴重

有不少的中小企業都有著濃厚的家族氣氛，親朋好友不是把持著關鍵的位置，跨部門指手畫腳，就是在一些重要的職位上耀武揚威，自覺高人一等。不幸的是，這些企業的老闆總是難以找到解決家族企業弊端的好辦法。在無數雙眼睛盯著，不停有人打小報告，有人跨過邊境爭奪主權等等情況下，並不沾親帶故的員工能放開手腳施展自己的才華嗎？

當然，難以施展開拳腳，就只有另覓高枝了。

4　傷透員工的心

老闆壓力大，容易心態失衡，難免會對員工言辭偏激，傷透員工的心。

在當今企業面臨的生存和發展壓力普遍偏大。面對這些壓力，有些老闆會經常克制不住自己的情緒，喜怒無常的呵斥甚至是辱罵自己的員工，表現得如一個暴君。如果員工們無論做好做壞，無論做多做少，回到公司總會被老闆挑不是，說這裡不行那裡也不行，他們哪還會有心思在這樣的企業待下去？

5　老闆愛搬弄是非

老闆愛搬弄是非，但手段並不高明，結果往往是「賠了夫人又折兵」。曾經有這樣的一個老闆，時不時會對銷售部經理小王說，企劃部經理小張說你這裡做得不好，那裡做得不好；換個日子，又會對小張說，小王對我說你那裡不行，這裡不行。其實，那些話根本就是這個老闆自己編出來的，小王、小張壓根就沒講過。

換個日子他又會對銷售部王經理的部下小馬說，公司準備將市場一分為二，王經理負責一塊，你負責一塊，好好做！隨便一句話就將小馬變成了王經理的對頭，弄得本來做得不錯的王經理瀕臨神經衰弱，心想——吃力不討好，還是跳槽算了！

6　任何沒有經濟基礎的、不能兌現的承諾，都是空話

這些將人才當作舊社會可以玩弄於股掌的「包身工」的行為，怎麼會讓員工感受到付出與回報的對稱，怎麼會感受到誠信？又怎麼會留得住到「走到哪裡都有一片天」的人才呢？而對於那

些具備優秀才幹的員工，有些甚至寧願冒著即使拿不到一分錢的應得提成、獎金的風險，也急著「逃」之而後快，離開這些企業。

失敗的真正原因

喬北光是一位異常出色的銷售精英，二〇〇八年度個人的銷售業績占據了公司整體業務的百分之二十七，春節過後，由於出色的銷售業績，他被提拔為銷售部門的負責人。

對於一位剛剛畢業四年的大學生來說，成為管理近六十名銷售人員的部門經理，自然滿懷熱情。在任命書下達的第一個星期，喬北光便編寫了銷售部門二〇〇九年的整體銷售計畫書，並詳細的分解到每一個區域市場，同時，根據往年淡季與旺季的銷量進行了預測，設計了銷售進度表。原本他以為只要將這一計畫書公布在部門內，便會獲得大家積極的回饋。

誰料計畫書分發到銷售人員手中之後，如石沉大海般毫無動靜，既沒有人提出建議，也沒有人表示認可。為了弄清楚原因，喬北光舉行了一次銷售部門的全員會議，最終得到了一系列的質問：「今年是經濟危機影響最為嚴重的一年，能夠保持去年的銷售業績就已經相當不容易了，又如何能夠獲得增加？」一位銷售人員首先發難。

「我們所在的區域市場已經飽和，而且幾乎所有的競爭對手都加大了促銷力度，你制訂的目標根本不可能實現。」另一位銷售人員表現得義憤填膺。

「計畫制訂得非常好，目標也很明確，但是我們應該如何去實現呢？我看這計畫書只是一堆廢紙罷了。」一位資深的銷售人員慢悠悠的說。這也是一名很優秀的銷售人員，原本也有機會成為部門經理。他的這一問題無疑表明了自身的態度：幸災樂禍。

幾乎所有的人都提出了反對的意見，沒有一個人認為喬北光的計畫是可行的。

喬北光感覺到很意外：「為什麼當初徵詢大家意見時，沒有一個人提出意見呢？」儘管如此，喬北光還是十分冷靜，謙遜的接受了大家的「意見」。

會後，根據自身的銷售經驗，喬北光分別針對各個區域市場設計了促銷方案，並將目標進一步細分到每一個人身上。一個星期之後，她再次召開了會議，經過翔實的分析和市場論證，這一次她贏得了一些人的支持，當然，也遭受了一些人的冷笑。

喬北光為自己設定了一個難以置信的目標：二〇〇九年度個人銷售業績占據公司整體業務的百分之三十五。銷售工作就像是戰鬥，當喬北光將改進後的計畫書分發給大家，並確定每個人都在目標責任書上簽過字之後，她投入了自身的銷售戰鬥。

時光飛逝，很快半年就過去了。喬北光召開了銷售部門的半年度工作總結會議，這次會議使她感到震驚：除了她本人，以及五六個公司的重點市場實現了目標之外，其餘市場全部沒有完成目標，一些市場連一半的銷售目標都沒有實現。整個上半年的銷售業績相比二〇〇八年不但沒有絲毫增加，還下滑了百分之六。

在參加完公司的部門經理會議之後，喬北光很快收到了公司董事會的警告：如果不能夠迅速提升銷售業績，公司將考慮換人。推薦她擔任部門經理的副總也私下對喬北光說：「千萬不要讓我失望，我還從沒有看錯過人。」

「我的個人業績基本上按照年初的計畫得以實現，由於其他人沒有達到當初的目標，我個人的業績在整個公司上半年的業績中占到了近百分之四十三。已經突破了公司銷售史上最佳銷售精英的記錄了，但是公司對我絲毫不留情面。」喬北光有些自得，但這種自得很快就被苦惱所代替。

史蒂夫．布赫和湯瑪斯．羅夫的話非常耐人尋味：「並非穿著同樣的襯衫就能夠形成團隊。」很多經理人眼中的團隊其實並非真正的團隊。首先，團隊不是一些人聚在一起工作，如果聚集在一起的人不能夠相互協調、朝著同一個目標去努力奮鬥，他們就只是一個群體而已。

高績效建立在團隊成員高度協同的基礎上，而協同的根本在於大家能夠相互信任和理解，信任則建立在誠實和正直之上。人人保持誠實與正直；團隊成員之間始終保持積極溝通；人人勇擔責任；時刻散發熱情和自信；人人積極主動完成自身的任務；人人樂於分享，無論經驗是來自成功，還是來自失敗；在面對困難和挫折時，意志堅定，絕不輕易放棄既定目標和方向；團隊成員互相尊重並團結互助。

事實上，無論是誰，都希望自己置身於一個值得信任和公平、公正的團隊之中。誰也不希望與一些不講信用的人一起工作。在取得成功的團隊之中，幾乎所有的成員都是值得信賴的，他們能夠按照計畫完成自己分內的工作，同時嚴格要求自己履行每一個承諾。但是在另一些團隊之中，誠信和正直往往被遺棄，幾乎所有的人都言行不一致，同時也不值得去信賴。更為糟糕的是，他們往往會在團隊內部搬弄是非。這樣的團隊結局可想而知。

當群體中的人能夠進行明確分工、各司其職相互信任，並建立起大家共同遵循的各類規則，這時的群體就發生了本質的改變，變成了團體。但做到這一點還遠遠不能稱其為團隊。

高效協同是一支團隊能否實現目標的基礎要求之一。我們研究過眾多失敗的團隊，它們往往在最終也實現了目標，而失敗的原因卻不外乎兩種：一是超出了預定的時間，錯過了良好的市場機會，最終處於被動地位；二是消耗的成本和資源過多，儘管實現了目標，卻因此使企業陷入了嚴重的財務危機。這兩種原因的產生往往正是因為內部的協同性不夠。很多經理人將大量的時間花費在內部溝通和協調上，他們無法將目標清晰傳達給每一位團隊成員，也無法使團隊成員保持良好的協同去實現目標。

真正的團隊是所有成員都聚焦於共同的目標，在沒有要求和監督的情況下積極主動投入工作，人人勇擔責任並且富有熱情。面對困難和挫折時，他們毫不退縮，而是群策群力尋求解決方案，他們注重分享、協同、相互尊重。真正的團隊擁有某種特殊的氣質，這種氣質展現在團隊成員的每一個人身上。

最可怕的是沒有反省

晚上九點多了，某企業的銷售部經理王兵還待在辦公室。他一邊在電腦前準備著當月的工作報告，一邊等著業務員趙天、小張在經銷商處的盤點結果。這時候電話響了，是趙天的聲音。「王經理，盤來盤去，還是有個規格的產品數字不對。」

王兵聽到這裡就火了，「你們在搞什麼？一晚上盤點過兩三次都搞不清楚，不就是對對進銷存的數字嗎？」

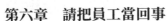

類似這樣的情況，相信不少銷售經理都曾經歷過。

那麼，為什麼這種情況在許多企業中層出不窮呢？

1 企業文化得了病

有人認為，許多中小企業的企業文化十分匱乏。這個說法些欠佳：每個企業都有屬於自己的企業文化，只不過許多企業的文化得了病。而這些「病」，會使員工不堪忍受而離去。

比如要求員工以公司為家，竭盡所能的奉獻，可是，從來不給員工「家」的溫暖，從來不曾履行過家人般的責任；老闆剛愎自用，做事都按自己意思辦理，把一堆有能力的員工當成一群只會埋頭耕田沒有思想的牛；再或者是老闆帝王思想嚴重，把任何員工都當成可以辱殺的臣民來對待。

2 把人才當作裝飾品，給了個舞台卻不給跳舞

某家大企業老闆的用人宗旨是：用最高的報酬招最好的人才。可讓他非常苦悶的是，企業裡的中高層管理者、業務骨幹大多待不到半年時間，就走的走、散的散。為什麼會這樣呢？

且聽市場總監的現身說「法」：我們老闆經常向外人這麼介紹我們──這是某某名校的MBA，那是某某領域的專家……可是我們沒辦法發揮自己的才幹。以我為例，我的工作只是組織文案寫作、廣告創意、印刷品製作等等，什麼市場計畫、市場管理我統統沒接觸。老闆叫你怎麼做你就得怎麼做！

我們不妨試想一下，你給了員工一個舞台，卻更多的是把自己當作擁有三頭六臂的神仙，把

他們當成裝飾品，讓他們做些普通職員都能勝任的事，不給他們發揮的空間，不給他們跳舞的機會，想實現自我價值的人才們能待得住嗎？

3　優秀的員工難以找到自己的位置

企業沒有員工的成長快，優秀的員工難以在企業找到實現自己更大價值的位置。中小企業是非常鍛鍊人的地方，因為在這樣的企業裡面員工往往一專多能，相對大企業或外資企業，員工們會接觸到更多的東西。而對一些有悟性、有能力、肯付出的員工來說，往往能在短時間內實現快速的成長。

基層員工成長了，可是部門經理、副總經理的位置還是被一幫元老或家族成員占著，因此供他們施展拳腳的舞台並沒有什麼變化。如此這般，這些成長起來的員工就只有遠走高飛，飛出去尋找更高、更廣、更能實現自己職業目標的平台了。

有句俗話叫「天要下雨，娘要嫁人」，但對中小企業來說，有許許多多的人才都是稍做改變就能留住，繼續為我所用的。

1　誠信在前，利益在後

要做到這點，首先就要把人才當作自己的事業合作夥伴，而非可以任意驅使的打工仔，更非可以招之即來，揮之即去的僕人。其次，說到就要做到，做不到就要解釋到，如果連解釋也難以實現，那就寧可少說多做。用行動來「做餅」，而不是用口水來「畫餅」。如果能讓員工們認為，自己的老闆「寧願自己沒飯吃，也不能讓手下的那幫兄弟沒飯吃」，誰會不願意跟著這樣一個實在而誠信的老闆同闖天下呢？

2 維護尊嚴，彰顯成就

俗話說，「佛爭一炷香，人活一口氣。」即使是基層員工也希望能夠工作有成就、人前有尊嚴。更何況那些在技術、市場、管理上有專業特長的人才呢？同時，管理者也要明白，自己撐起了這個大攤子，招聘這麼多人進來，不是來滿足自己過「帝王癮」的，而是為了賺錢，為了事業，為了夢想。

面對幫自己賺錢和實現夢想的一群人，為什麼就不能多替他們考慮一點呢？怎樣做到這些？最直接的辦法就是在員工面前尊重人才的專業特長，尊重他們的建議與分內的決定，讓他們實現自我價值，並不吝嗇表揚和肯定。

當然，這可能需要我們學會克制情緒，管得住自己越級管理的手腳，而不是在自己給了某個人才一個平台後，又去拆他的台，更不是給了某個人才一定的權力之後，又去越俎代庖的行使這些權力。

需要謹記的是：拆人才的台就是拆自己的台！權力越大，責任就越大。

3 用感情穩心，用報酬挽身，用事業留人

其實，在中小企業裡，老闆與員工很容易打成一片。有了感情，許多事情就好談了。但是，只談感情不談錢也是枉然的。經濟的、物質的、精神的報酬，應該論功行賞，並及時兌現。

餓著肚子與員工空談感情和理想是徒勞的，對那些胸懷抱負、有著清晰職業生涯規劃的員工來說，我們也不能在他們有能力在更大的舞台施展才華的時候，仍然將他們按在一個小位置上，要懂得為他們騰出更大的位置，給他們更有發揮空間的舞台。當然就許多中小企業來說，由於涉

及到創業元老、股東、家族成員等各方各面的關係，做起來可能會比較困難。

在這種情況下，我們可以剝離出一塊業務給某個人經營，還可以以出資人或股東的身分另外再盤一個攤子，讓某個人施展特長。當然，我們還可以適當稀釋自己的股份給某個人，使他實現從打工仔到企業合夥人的身分的轉變。

如果以上舉措都不現實，那麼，就為了他們好，主動鼓勵他們走出去吧。塞翁失馬，焉知非福。我們可能會發現，我們越叫這個人走，這個人就越想多陪你拚搏一些日子，而且會有更多的人才願意聚留在你的左右。

4　做朋友「不錯」即可，但做老闆要「更好」

許多從中小企業出來的人，在談到自己過去的老闆的時候，經常會說到一句話，「他做朋友不錯，但做老闆就差一點了」。這說明了什麼呢？也許管理者的為人不錯，但這並不一定就能留住人才。我們還應該繼續充電，不斷學習，不斷進步，以提高自己的甄別能力和方向掌控能力。而不是既聽不進意見，又昏招連連。同時，我們還要提醒自己的是：人才是請來用的，不是請回來當裝飾品的。怎樣用？不但要用他們的動手能力、執行能力，更要用他們的思想。也就是說，作為一個管理者，我們要敞開心扉，兼聽則明。

其實，無論留人也罷、用人也好，其中都有一個非常重要的課題，那就是——研究並充分利用人性。對人性的把握力提高了，自己的心態只要轉變那麼一點點，就能在留住人才上獲益匪淺。

不過，大家也許會認為，上述建議可能說起來容易做起來難，有些甚至還有點「刺耳」，但我們應該清楚——對於一個管理者來說，最可怕的就是只會唉聲歎氣，而沒有反省，沒有改變。

「用我的愛心換你的真心」

領導者要全力以赴的支援部下去完成工作。要讓他們知道，只要他們需要，上司會永遠協助他們，這不但使他們具有安全感，而且還具有信心。但這樣的支持應該是多方面的，例如一點不懷疑部下，維護部下的利益，善於調節部下之間的矛盾等。除此之外，好的領導者還必須隨時提供部下撮好的資訊，好讓他們知道公司的計畫如何，有哪些必要的變動會影響到他們的自身利益等。

只要使用良好的管理技巧，嚴重的埋怨就不至於發生。但是，任何情況均不免有差錯，因而也就會導致相關人員的不滿。好的管理人員應鼓勵部下把不滿的情緒發洩出來。因為這種情緒若是壓抑，反而會像痤瘡一樣，情況只會隨著時問的推移而更趨嚴重。假如公司有正當的程序，使員工有正當的管道說出自己的不滿，並得到老闆妥善和公平的處理，則問題便可能解除或減輕。

由於這樣的問題常牽扯到部下與老闆之間的關係，也可安排中間人來處理。有的公司單獨設立一個人事部門來負責處理這類問題，有的公司則透過正式的訴怨程序。無論如何，稱職的訴諸正式的程序，則必須從全面出發，一切以員工的利益為準。

發牢騷、抱怨是人的天性。每個人的利益不同、看問題的角度不同，一件好事也可能引來牢騷；更何況有些事確實考慮不周，所以引起的牢騷也就是情理之中的事。作為領導者要懂得這個道理很重要。把牢騷視為一種正常的現象，保持冷靜的態度，不要聽到一點牢騷就以為是「鬥爭新動向」，煞有介事的大會批評小會點名，以為幾句牢騷就可以扭轉乾坤。要淡化牢騷，一笑置之，提高心理承受能力。你得明白，許多人牢騷歸牢騷，該怎麼做還怎麼做，不會影響工作的。

當然，牢騷太多了就要挫傷員工的積極性和進取精神，要盡快解決。先找出牢騷的根源，再採取有效措施，但解決大多數牢騷的方法就是耐心的聽，中間盡量不要插話或反駁，你會驚訝發現，許多人發牢騷就是為宣洩心中的怨氣，並不需要採取什麼措施。

面對有些抱怨，作為領導者，你所需要做的就是認真傾聽。認真傾聽員工的抱怨，不僅表明你尊重員工，而且還能使你有可能發現激怒他的原因。例如：一位行打字人員可能抱怨他的電腦設備不好，而他真正的抱怨是檔案管理員打擾了他，使他經常出錯。因此，要認真聽人家說些什麼，還要注意聽弦外之音。

要掌握事實，要把事實了解透後再做出決定。只有這樣，你才能做出完善的決定。「急著決定，事後後悔」。記住，小小的抱怨加上你的匆忙決定可能變成大的衝突。

並非所有抱怨都是對員工有利的。回答「是」時，你不會遇到麻煩，回答「否」時，你就需要利用你的所有管理技能，使員工能理解並且心情愉快的接受你的決定。

韓國某大型公司的一個清潔工，本來是一個最被人忽視，最被人看不起的角色，但就是這樣一個人，卻在一天晚上公司保險箱被竊時，與小偷進行了殊死搏鬥。事後，有人為他請功並問他的動機時，答案卻出人意料。他說當公司總經理每次從他身旁經過時，總會不時的讚美他「你掃的地真乾淨」。就這麼一句簡簡單單的話，使這個員工受到了感動，危難時刻挺身而出。

作為一個領導者要掌握責備和讚美兩種方法的良好運用。苛責過度，下屬會認為你不近人情，缺乏理解，從而產生逆反心理，消極怠工，不願做出成績；感情輸入得過度又會使你顯得比較軟弱，缺乏應有的威懾力，下屬也會對你的命令或批示執行不力甚至是置若罔聞。

在你向他們解釋過你的決定之後，你應該表示相信他們將會接受。求助於他們的推理能力，求助於他們對公平處事的認識和同等對待的信任。努力使他們搞清你之所以做那個決定的理由，使他們同意試一試。不要怕聽抱怨。「小洞不補、大洞吃苦」，這句話用於說明在萌芽階段就阻止抱怨是再恰當不過了。要永遠敞開大門，要讓員工總能找得到你。

要想獲得部下對你的忠心，首先你要有顆關心部下的誠心。心與心是可以交換的，只要彼此有足夠的誠意。

有句廣告詞「用我的愛心換你的真心」，這句話同樣適合新主管們。要想獲得部下對你的忠心，首先你要有顆關心部下的「愛心」。心與心是可以交換的，只要彼此有足夠的誠意。

古時候有個將軍，英勇善戰。每次戰鬥他都身先士卒，而且愛兵如子，因而受到所有官兵的愛戴。有一次，他和士兵們被敵軍包圍在一座城內，快到了彈盡糧絕的境地。深夜他去城樓巡視，發現一個士兵躺在地上呻吟。原來這個上兵腳上中了一箭，傷口化膿，疼得受不了。將軍眼淚都快出來了，於是俯下身去，用嘴幫這個士兵把膿吸出來。士兵們得知這事後，都感動得熱淚盈眶。

這個士兵的母親聽說此事後，放聲痛哭。哭得死去活來。人們以為她是感恩將軍，誰料這個老婦人說，她是在哭自己的兒子，她知道她的兒子必死無疑了。人們感到奇怪，問為什麼。老婦人說，將軍這樣對待她的兒子，換了誰都會捨命相報的。她的兒子也一定會這樣做的，將軍吸走的不是傷口上的膿，而是她兒子的心，她兒子的命。

透過這個老婦的口，我們可以知道，攻心之術是多麼重要。在現代企業中，身為領導者如何才能「攏絡人心」？如何才能讓部下死心塌地追隨自己？如何才能在部下利益與公司整體利益之間找到平衡點，真正贏得下屬的心？

讓下屬死心塌地跟著自己是一件難事，但並非不可能，如果多從他們的利益出發考慮問題，就可以找到問題的解決辦法，也完全可以兼顧員工與公司之間的不同利益，並找到一個萬全之策。

把下屬當作好友

領導者應該把下屬當作是好友，而不是自己的奴僕，時常徵詢他們的意見，接受他們的建議，力求消除彼此心中的隔閡，這樣會使下屬做起事來格外賣力，上下級之間的關係也會非常融洽。

下屬有責任去盡力完成自己的工作，但是事無大小都交與他們完成，而自己在一旁指手畫腳，必然引起他們的極大反感。如果你能去做一些適當的指導，對他們所做的困難的工作給予幫助，或者讓他們有更充裕的時間做好分內的事務，他們一定會感激不盡，對你也更忠心。只有上司與屬之間互相信任才能使工作變得輕鬆而富有意義。

千萬別把自己的手下當作「馬仔」，而應該把他們當作朋友，大家合作起來會更得心應手。新員工初來乍到，領導者可以給他們一定的幫助，領著他們四處看看，使他們早適應環境，使出你的經驗，幫助他們解決一些疑難問題，或者在業餘和他們多談談公司裡的工作程序，省得他們做無用功。同時，要有耐心，多給時間讓下屬自己適應工作，不妨多提醒他們注意哪些問題，多解釋幾遍工作中會遇到的問題。

領導者上任沒多久，心頭的喜悅還沒消失，麻煩就來了你的部下因某個失誤導致了客戶的不滿，客戶前來投訴。怎麼辦？逼部下自己去道歉、自己處理「爛攤子」，還是自己親自出馬去處理這件自己心裡也沒底的事？

小張因為表現出色，來公司不到三年就破格提拔為部門主管，和其他菜鳥主管一樣，心裡盼著能盡快有些作為。可是，升為主管的喜悅還沒消失，麻煩就找上門來了因為員工的疏忽，造成客戶不滿意，投訴到他這裡。小張心想，自己既然是主管，訓斥犯錯下屬是理所當然。於是，在不給下屬任何解釋機會的情況下，劈頭蓋臉的先批評了一頓，結果弄得下屬心裡很不服氣。

像小張這樣處理問題的方式，發生在新主管身上並不為奇。回想當初自己做員工時，被主管罵的情景仍歷歷在目。如今勤奮辛苦的付出終於得到回報，如履薄冰的日子多了一份保障。罵罵下屬有什麼不對？就是這種想法，使得許多菜鳥主管在失去威信的同時，也失掉了人心。俗話說，大樹底下好乘涼，倘若你能給你的屬下提供一個好乘涼的地方，那麼你的屬下將會由於你的施恩而「報效」於你。

每一個公司都會有一些「幕後英雄」式的員工，他們了解公司的情和發展方向，並且能默默

把下屬當作好友

無聞的工作，非常值得信任，作為領導者，切勿忘記這些人。這些幕後英雄的功勞常常被那些製造事端、誇誇其談者所代替。領導者自己也沒去注意那些優秀的工作者，從而忽視了他們。其實，企業的大多數員工大多並不十分在意老闆能公開表揚自己的辛勤勞動，但他們確實在乎自己付出的努力是否得到承認。如果他們的努力工作長期得不到承認，只會使他們感到被人利用、心理不平衡，從而心灰意冷。當這種情形發生時，他們就只得採取不再努力或者消極怠工的行為，以示反抗。每個人都希望看到自己所做出的事情被認可。

作為領導者，你可能比較容易忽視那些忠實可靠的人了。他們在壓力之下仍然工作出色；一直按時完成高品質的工作；願意在集體需要時再做一次努力，他們默默無聞，為人謙遜，除了出色完成工作外，你根本不知道他在哪裡；老闆不在時照樣很好的工作，令人放心；他們提供的答案多於提出的問題；他們經常改進工作方法，經常幫助別人使之工作得更好等等。

一般來講，踏踏實實工作的員工比較受歡迎。這些人員大多是公司老職員，熟悉公司的情況，了解上司的習慣，思路往往與老闆一致，上司對於此類下屬指揮起來得心應手，這些員工一般不犯大錯誤，工作作風嚴謹而審慎。對於老闆而言，非常喜歡這些埋頭苦幹的人。作為領導者更應該與這些人打成一片，充分發揮他們的作用。激勵幕後英雄的一種獎勵方式是對他們的工作表現出真減的興趣。不僅僅把他們當作自己的員工，還把他們作為朋友、知己看待，時時想著他們的利益，準備幫助他們解決問題。

公正評價員工是優秀領導者的一個共同點。要想在管理中做到公無私，並不是一件容易的事。譬如在分配工作時，不管工作的難易，要求不同的工作在間一時間內完成，這種做法在員工的眼裡是很不公平的。同時管理兩項以上的工作時，如果領導者總是對自己較有經驗或較感興趣的工作表現得更為關心，那麼此時從事另一項工作的員上就會感到領導者對他的冷落，並因此而心生怨氣，工作則缺乏動力。因此，要想成為一個受員工歡迎的領導者，就應妥善的處理好工作上的這些問題。

深受員工歡迎的領導者總是以大局為重。不計個人恩怨，充分調動多數人的積極性，透過盡可能公正使用人才來激發員工為公司效勞的積極性。因此，要想成為一名受員工歡迎的領導者，就應該對所有的員工都一視同仁，這樣，不僅積極因素可以得到充分調動，一些消極因素也會受到刺激而轉化為積極因素，這樣，深得人心的你，就能輕鬆自如的駕馭全面了。

遇到突發情況時，領導者首先一定要保持冷靜。第一，不要推卸責任。第二，盡最耐心的做好解釋工作。如果仍然不行，那就只好求助老闆有關部門。第三，對部下進行教育，找出問題的癥結，同時，批評與相應的經濟處罰並行。切忌把部下一棍子打死，傷了部下的自尊心，尤其是不能不問青紅皂白的指責部下，一副居高臨下、盛氣凌人的樣子。主動承擔責任，能體現一個領導者應有的氣度和修養，也能得到員上們的理解和尊敬。雖說是部下的失誤造成的麻煩，但如果你硬要他自己去處理，出於職權的限制，實際上他也很難取得令人滿意的結果，最後問題還是要回到你這裡。如果你親自去處理，由於對問題不甚了解而心裡沒底，同樣不利於問題的解決。

把握好權威的度

曾經有媒體做過一項主題為「最理想的上下級關係」的調查。在這項調查中，認為最理想的上下級關係是「亦師亦友」的最多，占總數的百分之三十四點五，其次百分之十七點七的受訪者選擇了「涇渭分明，各盡其職」的上下級關係，選擇「如同魚水」的占到了百分之十二點六，而認同「領導者與員工是一家人」的只有百分之七點三。

從這項調查的最末兩項可以看出，對於管理者來說，選擇與員工打成一片，很難說是明智的選擇。

個頭不高但肚子挺大、臉挺胖，總是對人笑嘻嘻的王大鵬是經營休閒食品的生意，他為人和善，充滿了親和力。他並不太認同「老闆就是老闆，員工就是員工」的涇渭分明的上下級關係。

中午，他在公司吃飯時，都會叫上辦公室的幾個人一起去餐廳。按規定，公司每個月都給員工發放午餐補助，但是王大鵬從來都是代替大家付餐費，當作是自己請客。這樣一段時間下來，幾個員工只要發現王大鵬中午在辦公室，也沒有客戶在，就遲遲不下樓，因為他們知道老闆會叫上大家一起的——今天的午餐錢又省了。

比如：王大鵬經常會像朋友一樣，與自己的下屬們談笑風生互開玩笑。剛開始，員工們對王大鵬還懷有對老闆的敬畏之心，但時間一長，都開始「王大鵬、王大鵬」的稱呼他了，不管是部門經理還是普通的職員，與王大鵬在一起的時候舉止都比較隨便。

有段時間，王大鵬曾經考慮過要重新開始，讓員工們嚴格執行公司的管理制度，改變一下如此「沒大沒小」的上下級關係。但他反過來又想和員工走近一點，現在公司的規模還很小，待遇不高條件有限，有利於增強企業的凝聚力。大家都像兄弟姐妹一樣，公司就像一個大家庭，氣氛是多麼融洽啊。

然而，問題卻接踵而至。在王大鵬「一家親」的理念的影響下，員工們在潛意識中都認為，如果自己的工作出點小問題，王大鵬是不會生氣發火批評自己的。於是，不能用辦公室電腦上通訊軟體私聊或打遊戲，大家也半遮半掩的有恃無恐；本該中午十二點鐘以前完成的工作，就可能拖到下午五點。諸如此類的情況越來越多，越來越明顯。

有一次，為了到外地的一個經銷商出席一個重要的活動，王大鵬和市場部經理喬小芳等一干人馬，披星戴月的連夜向目的地開車趕去。雖然人人都有出差補貼，但一路上吃飯、買飲料，甚至是買零食，都是王大鵬掏錢，喬小芳採購。

路上，王大鵬發現喬小芳從不彙報買東西花了多少錢，錢明明沒用完，也不找給自己，心裡面不免有些惱火。不過，他仍然有說有笑的開著車，並沒有當場發作。第二天早上五點多，大家終於到達了目的地。一看時間還早，就決定找個地方先把早點吃了再說。

吃完早點大家上車，王大鵬發現車上不知什麼時候冒出了五十塊錢，就向車裡的同事們問道：「有誰掉了五十塊錢啊？」坐在副駕駛位置的喬小芳眼尖，一聲「我的」，就將這五十塊錢放進了自己的口袋。

王大鵬終於生氣了。「你怎麼知道是你的錢？」他望著喬小芳問道。「是我的錢，我怎麼會不知道。」喬小芳答道。「你怎麼知道是你的錢？」王大鵬加重了語氣。「我的錢就是我的錢！」

喬小芳覺得今天的王大鵬有點不對勁，有點吹毛求疵，害得自己在同事面前丟了面子，也大聲嚷道。「你給我走人！」王大鵬再也忍不住了，對喬小芳大聲吼道。

王大鵬從沒這樣過，喬小芳呆了，但是他說出了這樣的話，自己不可能不走啊。喬小芳感到受了委屈，淚水在眼眶裡打轉，以不敢相信的眼神呆呆的朝著王大鵬望了幾秒鐘。王大鵬絲毫沒有開玩笑的意思，後面的同事們也被王大鵬的爆發給震住了。

喬小芳只得提著自己的行李，摔下一句「王大鵬，我們走著瞧」，在天還沒完亮的清早，往長途客運站走去。

也許你並不是王大鵬這樣的管理者，但是，在我們的身邊，類似於王大鵬這種情況的例子卻並不鮮見。

在工作中，不論是和下屬走得太近，還是距離下屬太遠，都可能讓管理者陷於困境。就上下級關係而言，有它自身的遊戲規則，對管理者來說，這個規則所要實現的是，讓自己得以解放——從隨時緊繃神經牢牢盯著下屬中解放出來，從與下屬建立「哥們兒」感情的人治環境中解放出來，使下屬們自覺遵守公司的規章制度。

其中的重點是，把握好強勢權威和平易近人的度，不需要眼睛盯著天花板頤指氣使，也不需要挖空心思只為一團和氣，要做到既不失威嚴，又不減親和，這樣才能與下屬順利溝通，從而達成信任和理解。

某知名企業公關宣傳部總監田桂紅正好與上面所講到的王大鵬相反。

多疑的田桂紅是個脾氣火暴的人。在她的部門裡，沒有哪個下屬會成為她的心腹，也沒有哪個下屬能和她「亦師亦友」。因為，田桂紅所奉行的管理方式是「罵管」，她認為最正確的上下級關係應該上司就是上司，下屬就是下屬，上下級之間要涇渭分明。所以，只要自己的下屬一有點不對勁，田桂紅張口就罵，不能罵的就抓住那麼一點點問題大做文章。為此，下屬們在她的部門裡感覺不到尊重和信任，也從來就沒有哪個員工能做滿半年時間。比如：每當田桂紅需要下屬們說明「搭台」的時候，下屬們就會明裡「搭」台，暗裡「拆」台，故意留下那麼一點點讓她出問題的口子，使她受到公司領導者的處罰。如果田桂紅真的受到了處罰，下屬們都會抿著嘴偷偷的笑，暗地裡大喊活該。

我們相信，沒有哪個管理者願意成為田桂紅這樣的管理者，也不想像王大鵬那樣遭遇麻煩。可是，管理者的遊戲規則不發生改變，不回到正確的軌道上，問題就沒辦法解決，現狀就不可能有轉機。

那麼，他們又該怎樣改變呢？

首先，每一個管理者都應該明白，使自己和下屬的關係回到正軌上的主導權，就掌握在自己手裡。其次，就是溝通和信任。事實上，大多數員工認為，自己與上司相處的最大障礙就是溝通和信任，而非表面上反映出的親疏。

作為一個管理者，要想獲得更大的成就與發展，就必須獲得更多的來自下屬的支持。要想獲得這種支援，管理者就要去了解下屬們的想法和需要，給他們信任感、尊重感、成就感。

有情管理的對與錯

某公司副總的朱矛功一直都堅持著這樣的觀點：沒有一個員工會喜歡一個冷冰冰的、沒有人情味的領導者。讓他始料不及的是，自己竟會被公司員工譏諷為笑裡藏刀，當面一套背後一套的陰險的「笑面虎」。朱矛功從沒想過自己在員工眼中會成為這樣的角色，他也從沒想成為這樣的角色，可他最終卻被自己的下屬定義成了這樣的角色。為什麼會這樣呢？

朱矛功那張隨時都帶著一點笑意的胖臉，在招聘新員工的時候，有著超強的感染力，從他的口中說出來的盡情發揮能力的平台、公司願景、獎金和提成等，總能產生比其他人更大的吸引力。或許朱矛功也樂在其中，遇到有核心成員要求加薪資、兌現提成的時候，他認為可以加、可以兌現，就會說沒問題，但公司老闆卻並不答應他的提議。等這些員工再找他的時候，朱矛功不能說老闆不同意，因為這樣說可能有損他在公司裡的權威。所以最後的結果往往是，朱矛功要麼就捂著不處理，要麼就乾脆當什麼都沒發生過一樣矢口否認。

某紡織公司的老闆鄧有仿也在有情管理上嘗到了苦頭。

因為公司在遭遇經濟危機時，資金比較緊張，過春節時，鄧有仿就根據每一個員工的能力及貢獻，制定出了不同的年終發放標準。其中，趙天拿到了公司最高標準的獎金五千元。但在第二天早上，趙天就來找鄧有仿要求增加年終，理由很簡單也好像很充分：五千塊錢怎麼過年？鄧有仿心想，趙天很有能力，今後還要倚重他的才能。他既然找了我，我得做一個有情有義的老闆啊。於是，鄧有仿就給趙天單獨增加了三千元。但讓鄧有仿沒想到的是，趙天過年剛過就鐵了心辭職，拍拍屁股走人了。這搞得鄧有仿心裡不舒服了好幾天。

可以想見，除了朱矛功、鄧有仿的故事，許許多多的管理者一定也遭遇過形形色色的有情總被無情惱的煩心事。

我們如何才能少犯這樣的管理問題？難道應該對下屬的困難與問題置之不理，甚至無情，直至絕情？我們知道，這也是行不通的。

對案例中的朱矛功來說，在還沒有確定自己的想法能否得到公司老闆認可的時候，他可以將下屬們的請求做延後處理，而不是當場就拍著胸脯做承諾。對鄧有仿來說，可以在先弄清楚自己是否留得下趙天之後，再做要不要追加年終的決定；或者考慮借錢給趙天，讓他過一個更好的過年。而不是打破自己已經定下的規則，推翻已經實施的決定。

或許有人會說，要做好有情管理，最關鍵是拿捏好一個度的問題。這種說法只對了一半。因為在許多時候許多情況下，絕不只是要拿捏好度這麼簡單。

舉個例子，公司為了解決員工的午餐問題，簽訂了附近一家餐館的供餐協議。但員工們並不一定相信這是領導者的一番真情，從而更敬業、更努力的工作。其中的原因有很多，有的不喜歡總在一家餐館用餐，而希望在吃午餐這件事上更自由更自主，有的覺得不衛生，有的員工會覺得這家餐館的飯菜不好吃，還有的會暗自揣測公司領導者在與餐館簽訂供餐協定時，是否拿公司員工的利益吃了回扣……也就是說，管理者原本一番好心好意，卻可能換來下屬們種種不懷好意的猜測而導致他們再也不信任領導者了。

那該怎麼辦？員工的需求是複雜多樣，甚至是隨時都可能發生變化的。如果領導者做不到隨需而變，那就得把午餐補助以現金的形式發給員工，讓他們自由選擇如何吃午餐，這個麻煩的問題不就迎刃而解了嗎？而這正是有情管理中的禁情主義——不是不關注下屬們的利益與感受，而是暫時拋開主觀情感，透過對問題更客觀更全面的分析，來尋找解決之道，以消除有情管理中可能出現的信任危機。

如何給有情管理注入禁情主義，讓它發揮出應有的作用呢？

1　謹慎承諾

領導者不要輕易做出不一定能兌現的承諾。無論是出於情義、激勵或者別的什麼目的，總是開出一些不能兌現的支票，不僅可能受到「銀行」的懲罰，還會讓自己失去信用度。

2　得到認可再行動

先和領導者達成一致，或者是確定自己的提議能得到老闆的支持，並能最終實現。誠然，領導者可以給下屬帶去情帶去義，但這些情與義怎樣才能發揮作用呢？其實，在很多情況下，都離不開老闆的認同。

3　僅靠有情管理是攏絡不來人心的

許多管理者都在孜孜追求值得員工信任和愛戴的形象，但這些不是僅靠有情管理就能獲得的。所以，那些想僅僅依賴有情管理來攏絡人心，獲得認同和信任的管理者，往往暴露了他們在管理及相關業務上能力有限。

4 公平公正

公平、公正的管理準則，是維護團隊的健康發展的基本準則。領導者對一些下屬有情，有時就意味著對另外一些人無情。比如：領導者和某個下屬私交不錯，或者這個下屬是公司某個經理的親屬，而另外一些下屬則和自己走得不近或缺乏背景，倘若領導者在一些問題的處理上厚此薄彼，就可能分化團隊，導致信任危機出現。

5 有情管理是幫人，而不是害人

領導者不能讓自己的有情管理成為變相的縱容，從而讓下屬們因為犯錯成本降低，而對一些問題放鬆警惕。另一方面，對那些有一定背景的下屬來說，在處理他們的問題上，不論領導者怎樣有情管理，又怎樣禁情主義，必須做到的一點是：要讓他們背後的人感覺到，領導者是在給予他們實實在在的信任。

6 漠視人性，有情變無情

有情管理不能漠視人性，也不能怕得罪人，不然，有情就會變成無情。給下屬爭取到工作餐是一件好事，倘若忽視了下屬們多種多樣的需求，規定只能到某家餐館吃午餐，就可能變成一件壞事。

管理者對一個應該開除的下屬，因為怕得罪人，還堅持所謂的有情管理而留下他，會給公司的老闆領導者和全體員工帶來怎樣的感受，留下怎樣的印象呢？

肯定是比較負面的看法，而所謂的有情管理也因此變成了對自己的無情。

掐滅信任危機的苗頭

古語說：「己欲立而立人，己欲達而達人」，只有自己願意去做的事，才能要求別人去做，只有自己能夠做到的事，才能要求別人也做到。作為企業領導者必須以身作則，用無聲的語言說服員工，這樣才能具有親和力，才能請把員工當回事。

所謂以身作則，就是應該把「照我說的做」改為「照我做的做」，這樣才能達到更好的教育激勵作用。然而，現在有些領導者總對他的員工說：「照我說的做」。可他們不明白，這是下下之策，真正的上上之策應該是：「照我做的做」。

美國玫琳凱化妝品公司以「領導者以身作則」為所有管理人員的準則。公司創始人玫琳凱．艾施每天都把未完成的工作帶回家繼續做完，她的工作準則是：「今天的事絕不能拖到明天」，她從來沒有要求她的員工也這麼做，但她的助理以及七位祕書，也都具有她這樣的工作風格。

領導者只有嚴格的要求自己，發揮帶頭表率作用，才能具備說服力，才能增強企業的信任力。玫琳凱．艾施為了使公司的產品擴大影響，她從來不用其他公司生產的化妝用品，她也絕不允許公司職員使用其他公司的化妝用品，就像她不能理解賓士轎車的行銷員開著 BMW 一樣。

有一次，玫琳凱．艾施發現一位經理使用其他公司生產的粉盒和唇膏，於是走到她的桌旁，婉轉而幽默的說：「上帝呀，你在做什麼試驗吧？我想你是不會在公司裡使用別家產品的吧！」聽了玫琳凱．艾施的話之後，那位經理的臉一下子紅到了耳根。過了幾天，玫琳凱．艾施親自把自己未使用過的粉盒和唇膏送給了那位經理。

玫琳凱．艾施非常重視維護形象，因為她深知，一個化妝品公司經理的形象，會給客戶留下深刻的印象，甚至會影響到公司的聲譽和發展。一九七〇年代，美國流行穿長褲，但玫琳凱．艾施不管是在什麼時候從來不追逐這種流行，始終保持著自己的形象，她甚至為了保持自己的形象，放棄了她一生中最大的愛好——園藝，因為她擔心自己會在不留意中，讓沾在身上的泥土破壞自己的形象。正是由於玫琳凱．艾施以身作則，公司裡每一位員工都衣著得體，光彩照人。

由此可見，表達責任感和工作熱情的最令人信服的方式就是以身作則，用生動真實的例子感染員工。作為一位領導者，你想要什麼樣的員工，首先自己就要先成為那樣的人。

第二次世界大戰時期，美國著名將領巴頓將軍曾經有一句非常著名的話：「在戰爭中有這樣一條真理：士兵什麼也不是，將領卻是一切……」

巴頓將軍為什麼這樣說？讓我們先來看下面的故事。

有一次，當巴頓將軍帶領部隊行進的時候，有輛汽車陷入了泥坑。巴頓將軍喊道：「你們這幫混蛋趕快下車，把車推出來。」所有的人都下了車，按照命令開始推車。在大家的努力下，車終於被推了出來。當一個士兵正準備抹去自己身上的汙泥時，驚訝發現身邊那個弄得渾身都是泥汙的人竟然是巴頓。這個士兵一直都將這件事記在心裡。在巴頓將軍的葬禮上，這個士兵對巴頓的遺孀才說起了這件事，這個士兵最後說：「是的，夫人，我們敬佩他！」

當我們看完這個故事，再來回顧巴頓將軍那句名言：「在戰爭中有這樣一條真理：士兵什麼也不是，將領卻是一切……」我們不難發現隱藏在這句話背後的深意，那就是：士兵的狀態，取決於將領的狀態；將領所展示出來的形象，就是士兵學習的標杆！

這個道理不光在軍隊適用，在任何一個組織中都適用。凡是能夠帶領團隊取得成功的領導者，必定是以身作則的領導者。

一九六五年，土光敏夫出任日本東芝電器社長。當時的東芝人才濟濟，但由於組織龐大，層次過多，管理不善，員工鬆散，導致公司信任危機重重。土光接管之後，提出了「一般員工要比以前多用三倍的腦，董事則要多用十倍，我本人則有過之而無不及」的口號來重建東芝。他的口頭禪是「以身作則最具說服力」。他每天提早半小時上班，並空出上午七點半至八點半的一小時時間，歡迎員工與他一起動腦，共同討論公司的問題。土光為了杜絕浪費，藉著一次參觀的機會，給東芝的董事上了一課。

東芝的一位董事想參觀一艘名叫「出光丸」的巨型油輪。由於土光已看過九次，所以事先說好由他帶路。那一天是假日，他們約好在櫻木町車站的門口會合。土光準時到達，董事搭乘公司的車隨後趕到。董事說：「社長先生，抱歉讓您久等了。我看我們就搭您的車前往參觀吧！」董事以為土光也是搭乘公司的專車來的。土光面無表情的說：「我並沒搭乘公司的轎車，我們去搭電車吧！」

董事當場愣住了，羞愧得無地自容。

原來土光為了使公司合理化，杜絕浪費以身作則搭電車，給那位渾渾噩噩的董事上了一課。這件事傳遍了整個公司，上下立刻心生警惕，不敢再隨意浪費公司的物品。由於土光以身作則，東芝的情況逐漸好轉。

領導者的工作習慣和自我約束力，對員工有著十分重要的影響。如果領導者都能夠按時上班，工作時間盡量不涉及私人事務，對工作盡職盡責，那麼在管理員工的過程中自然就會事半功倍。

員工之所以心悅誠服的為他的組織努力工作、奮鬥，主要是因為他們擁有一位有威望的、能夠以身作則的領導者。這位領導者像一塊磁鐵般贏得了大家的信任，激勵大家勇往直前。曾經聽到一位員工推崇他的領導者說：「你和他在一起一分鐘，你就能感受到他渾身散發出來的光和熱。我之所以努力工作，就是因為他有一種強大的威嚴和魅力，深深吸引著我。」

把下屬和員工當回事

越來越多的企業老闆抱怨企業越來越難做了，下屬越來越不信任自己了。相當大一部分人在經營企業的時候，根本就沒把下屬和員工當回事。但是，作為一個企業領導者，協調好企業的人際關係非常重要，這可以使企業內部免遭信任危機。

福特汽車公司紐澤西的一家分工廠，曾因信任危機而差點倒閉。後來總公司派去了一位新的領導者，在他到任後就發現了問題的癥結：偌大的廠房裡，一道流水線如同一道道屏障隔斷了工人們之間的直接交流；機器的轟鳴聲，試車線上滾動軸發生的噪音更使人們關於工作的資訊交流越發難以實現。由於工廠瀕臨倒閉，過去的領導者一個勁的要生產任務，而將大家一同聚餐、廠外共同娛樂時間壓縮到了最低線。所有這些，使得員工們與領導者彼此談心、交往的機會微乎其微，很快使他們工作的熱情大減，人際關係的冷漠也使員工本來很壞的心情雪上加霜。組織內部

把下屬和員工當回事

出現了信任危機，人們口角不斷，不必要的爭議也開始增多，有的人還乾脆就破罐破摔，工廠的情勢每況越下，這才到總部去搬救兵。

這位新任領導者敏銳的覺察到這一問題的根本之後，果斷決定以後員工的午餐費由廠裡負擔，希望所有的人都能留下來聚餐，共渡難關。在員工看來，工廠可能到了最後關頭，需要大幹一番了，所以心甘情願努力工作，這位經理的真實意圖就在於給員工們一個互相溝通了解的機會，以建立相互信任的關係，使組織的人際關係有所改觀。

經理在中午大家就餐時，親自在食堂的一角架起了烤肉架，免費為員工烤肉。員工們在那段日子談論的話題都是有關組織的問題，大家紛紛獻計獻策，並就工作中的問題主動拿出來討論，尋求最佳的解決途徑。

這位經理的決定是有相當風險的。他冒著成本增加的危險拯救了企業的信任危機，使所有的成員又都回到了一個和諧的氛圍中去了。儘管機器的噪音還是不止，但已經擋不住人們相互間的交流了。企業業績兩個月後回轉，五個月後奇蹟般的開始盈利了。這個企業至今還保持著這一傳統，午餐由經理親自派送烤肉，大家歡聚一堂。從這裡可以看出，領導者解除企業內部信任危機是多麼的重要。

對於一個領導者來說，能否處理好企業內部信任危機，與企業的興衰成敗至關重要。有的企業不善於處理內部信任危機，結果導致上下級主管不信任，同級之間不協調，與下級關係不正常，幹部群關係不和諧，員工之間不團結，直接制約著管理的有效性，尤其影響到企業的興旺和發展。處理好人際關係，創造一個和諧無間，心齊勁足的環境，把人的積極性和創造性充分調動起來，是企業管理者應經常思考和要解決的一個無法迴避的現實問題。對於協調企業內部人際關係的途徑，具體可從以下幾個方面著手：

1　協調企業內部信任關係是調動員工積極性，保證企業目標實現的基礎

對於一個企業領導者來說，協調信任關係的意義在於創造一個寬鬆、祥和、文明、健康、友愛、良好的人際環境，使企業人際關係處於信任和諧狀態，使上下級坦誠相待，和睦相處，同事之間感情融洽、配合默契，這樣員工就會感到安全、愉快、幸福，促使大家為企業的利益和榮譽，加倍努力工作，從而產生強大的群體凝聚力和向心力，以調動各方面的積極性，使企業上下左右真誠相處，同心同德，團結合作，同舟共濟，有效克服實現企業管理目標道路上的各種困難和障礙，為實現企業目標而奮發工作奠定了基礎。

2　協調企業內部信任關係是發揮管理整體功能，提高企業效益的關鍵

人與人之間的關係，在協調程度上是有一定差異的，而整體效應力量的發揮，則有本質的差別。人與人之間關係結合得好，其整體效應就能得到最大限度的發揮。相反，其整體力量就很小，甚至等於零。因此，協調好企業內部信任關係，就會使下屬彼此心情舒暢，建立起團結、協作、互相信任的人際關係，發揮整體功能大於部分之和的作用。只有這樣，企業的各項工作才能不斷取得新的成效，企業的經濟效益就會不斷提高。所以說，企業領導者做好企業內部的信任關係對於提高企業的效能和效益，是非常重要的。

3 協調企業內部信任關係是推行人本管理的內在要求

對於企業領導者來說，管理的實質就是對於人的管理，而要管好人，除了採取行政指揮，經濟手段，制度約束外，更重要的是感情影響、人際吸引和共同價值觀所產生的凝聚力。現代管理強調以人為中心，尊重人，相信人，關心人，只有建立起祥和寬鬆，信任支持，充滿友好理解的人際環境，才能使企業形成有凝聚力的群體，體現人本管理的實質。人本管理的真諦就在於，透過最大限度的發揮企業共同價值觀的影響力，充分調動廣大員工的積極性，在推動企業發展過程中，實現人自身素養的全面提高。因此，協調企業內部信任關係，是企業領導者真正實現人本管理的必經之路。

對於一個領導者來說，協調好企業內部人與人之間的信任關係，是管理的基礎，也是用人藝術的一個重要方面。處理公司內部信任關係應把握以原則：

平等原則要求管理者在處理信任關係時，要在人格平等基礎上處理各類管理事務，尊重員工的人格；寬恕原則要求管理者要善於容忍他人的小過與缺陷，不要小題大作，對人求全責備；互利原則要求各類人員的勞動貢獻與其所得能保持基本平衡，並善於運用精神力量來平衡因物質短缺而引起的各種失衡心態；謙遜原則要求管理者無論地位、知識如何，都必須謙虛待人，要客觀的肯定他人的成績與才智，而不要誇大自己的功績和貢獻，更不能奪走他人功勞；合作原則要求加強人與人之間的緊密配合，培養「企業精神」；溝通原則包括兩個方面的內容：一是通資訊；二是通人性。人際交往的過程實際上就是互通資訊的過程，資訊與人際關係像一對孿生兄弟，聯繫緊密。信任關係的開拓有利於彙集資訊，掌握的資訊量越大就越有利於吸引人，從而拓寬人際關係網路。

要成為一個優秀企業的領導者，要協調好企業內部的信任關係，也只有這樣的領導者才會是一個優秀的領導者。

情感可以煥發出凝聚力

因為美好美集團的老闆是軍人出身，所以企業實行的是軍事化管理，制定了一系列鋼釘鐵鉚般的規章制度：全體員工統一春夏秋冬服裝，都要接受軍訓，並按技術階級在肩章上顯示星階標誌，全商場員工按連排班進行編組。在經營理念上，集團提出「上帝是永遠正確的」，要求員工注重儀表儀容、禮貌禮節的微笑服務，做到打不還手、罵不還口，甚至公開要求員工拋棄個人的個性，培養出美好美集團的個性，要員工對商場絕對服從。在商場，當一些營業員兩眼含淚被顧客指著鼻子大罵時，仍然要微笑以待，問她為何不還嘴，回答是「不敢拿自己的飯碗開玩笑」。

這種只尊重顧客不尊重員工，不惜以犧牲員工人格和尊嚴為代價去取悅顧客的管理方法，結果是抹殺了員工的尊嚴，使員工沒有了信任，增添了自卑，最終與企業離心離德。

企業管理是一門科學，也是一門藝術。其科學體現的是要嚴而有序，有一套行之有效的管理制度，使管理工作有「法」可依。其藝術體現在管中有情，情理交融。

嚴格管理不是一味依靠制度來控制員工，冷酷無情的把他們當作生產工具和機器，而是要從關心和愛護員工出發，透過尊重員工的人格，維護員工的利益，來激發員工遵章守紀、服從嚴格管理的熱情。如同法約爾所說：「在管理方面沒有什麼死板和絕對的東西，這裡全都是尺度問題」。因此在嚴格管理上，一定要掌握好「度」，而不是越嚴越好，也不是越詳盡越好。

堅持原則的西洛斯．梅考克是美國國際農機商用公司的老闆，如果有人違反了公司的制度，他一定毫不猶豫按章處罰。但這並不意味著他不講人情，相反，他非常體貼員工的疾苦，能夠設身處地的為員工著想，贏得了員工信任。

有一次，一位跟梅考克做了十年的老員工不但遲到早退，酗酒鬧事，還跟工頭大吵了一場。在公司的規章制度中，這是最不能容忍的事情，不管是誰違反了都會被開除。當工廠的工頭把這位老員工鬧事的資料報上來後，梅考克提筆寫下了「立即開除」四個字。

梅考克畢竟與這位老員工有過患難之交，本想下班後到這位老員工家去了解一下情況。不料這位老員工接到公司開除的決定後，立刻火冒三丈的找到梅考克，氣呼呼的說：「當年公司債務累累時，我與你患難與共。三個月不拿薪資也毫無怨言，而今犯這點錯誤就把我開除，真是一點情分也不講。」聽完老員工的敘說，梅考克平靜說：「你是老員工了，公司的制度你不是不知道，應該帶頭遵守……再說，這不是你我兩個人的私事，我只能按規矩辦事，不能有一點例外。」梅考克又仔細詢問了老員工鬧事的原因。

透過交談，梅考克了解到這位老員工的妻子最近去世了，留下兩個孩子，一個孩子跌斷了一條腿，住進了醫院；還有一個孩子因媽媽無法哺乳而餓得大哭。老員工是在極度的痛苦中借酒澆愁，結果延誤了上班。了解到事情的真相，梅考克為之震驚，安慰老員工說：「現在你什麼都不用想，快點回家去，處理你夫人的後事和照顧好孩子。你不是把我當成你的朋友嗎？所以你放心，我不會讓你走上絕路的。」說著，從包裡掏出一把鈔票塞到老員工手裡。老員工被老闆的慷慨解囊感動得流下了熱淚。梅考克囑咐老員工：「回去安心照顧家吧，不必擔心自己的工作。」聽了老闆的話，老員工轉悲為喜說：「你是想撤銷開除我的命令嗎？」「你希望我這樣做嗎？」梅考克親切問。「不，我不希望你為我破壞公司的規矩。」「對，這才是我的好朋友，你放心回去吧，我會做適當安排的。」梅考克執行將他開除的命令，以維持公司紀律的同時，將這位工人安排到自己的一家牧場當了管家。

梅考克不僅解決了這個員工的憂難，更重要的是他贏得了公司全體員工的心。大家覺得有這樣一個關心員工的老闆，是值得他們為之拼命的。從此，員工們為國際農機商用公司的強盛同舟共濟，創造了公司一個又一個的輝煌成就。

人都是有感情的，哪怕領導者的一點點關心和愛護都會讓員工感受到無窮的溫暖，這樣無疑會加大他們與你之間的親和力和凝聚力。如果員工感受到工作在一個充滿寬容和愛的集體裡，才會有被重視、被信任的感覺，才願意為這個集體全力以赴。

星巴克公司的愛心管理可以說是獨樹一幟。自成立之始到發展今天遍布世界三十四個國家和地區的八千三百家分店，星巴克擁有員工七萬兩千餘人，與它高品質的咖啡產品和品牌分不開，更與它獨特的公司文化和人文管理緊密相關。

星巴克與大多數公司信奉的「投資回報」理念不同，它信奉的是「快樂回報」原則。其邏輯是：公司應該使員工快樂，因為員工快樂了顧客才會快樂，而顧客快樂了才會成為回頭客，生意人氣才會兩旺，股東才會快樂。讓員工快樂的重要一環是優厚的福利待遇。雖然很多員工是星巴克的計時工，但公司依然給他們股份，戲稱「Bean Stock」（咖啡豆股）。此外，公司還將優厚的醫療保險計畫延伸到員工的配偶，包括同性配偶。

星巴克提倡開心平等的團隊工作文化，所有為星巴克工作的人，尤其是新開店的員工，無論他們在哪個國家，都會被送到西雅圖培訓團隊合作的技巧，體會團隊成員磨合的過程。星巴克善待員工的結果換來的是員工的忠誠敬業。在這個員工離職率極高的行業，星巴克的員工離職率微乎其微。也正是在「快樂回報」的制度下，這些員工努力工作才把星巴克的事業越做越大。

第七章　放手讓員工發揮才幹

管理者的一個基本責任就是了解員工的價值，然後鼓勵他們主動嘗試。而其最基本的行為體現，就是給予員工更多的信任，放手讓員工去做，讓他們發揮自己的才幹，為企業做出貢獻，從而把自己有限的時間和精力，用在更重要的決策上去。

給他一個舞台

一位有善心的富翁想建一棟大房子，他特別要求建築師把四周的房檐加長，以使窮苦無家的人，能在屋簷下暫時躲避風雪。

房子建成後，果然有許多窮人聚集在屋簷下，他們不但擺攤子做起買賣，還生火煮飯。嘈雜聲與油煙使富翁不堪其擾，富翁的家人也常與寄居簷下者爭吵。冬天，有個老人在簷下凍死了，大家破口罵富翁不仁。夏天的一場颶風把富翁的房子掀了頂，村人都說是惡有惡報。重修屋頂時，富翁要求只建小小的房檐，把省下的錢蓋了一間小房子。這房子所能庇蔭的面積遠比以前的房檐小，但四面有牆，是棟正式的房子。

許多流浪的人都在房中獲得暫時的庇護，他們在臨走前，問這棟房子是哪位善人蓋的。富翁沒有幾年成了最受歡迎的人。即使在他死後，那些流浪人們還繼續受他的恩澤。

富翁的一片善心從被認為是為富不仁、惡有惡報到變成受歡迎的人，這中間的變化是什麼因素造成的？為什麼同樣的善心，卻有那麼大的不同？是大房檐與小房子的差嗎？

領導者什麼事都做，部下不負責任。領導者工作的目的是什麼？只是解決眼前的問題？還是信任員工，給他一個真真實實的舞台？領導者不能只注重事的完成，也不止於問題的解決，更重要的責任是：信任員工，發揮他們的能力。企業老闆是當教練不是當領導者，啟發員工的自覺性與責任感，是幫助企業消除信任危機的關鍵要素。

美國通用食品公司由於過度集權，公司領導者與管理人員將太多的時間花在分析上，幾乎沒有時間行動。董事會主席菲利浦・史密斯認為，在組織中培養領導者是至關重要的，是通用食品公司整體發展的基礎。史密斯親自花時間與退休領導者和管理員一起在整個公司的範圍內幫助開發領導者才能。

領導者的意義不在於發號施令，而在於相信員工並權授予他人，使其自行領導，及如何去支持他人的努力。透過給員工明確的信任，將自主權授予員工，並讓員工對各人的工作自我負責。這樣，就能創造出一種主人翁精神。這時，領導者仍然需要負責為員工提供各種指導和幫助。同時你會發現，當員工共同解決了某一問題時，他們同時也就「留下」了處理這一問題或透過群策群力所體現的主人翁精神。

授權意味著員工並不僅僅為組織工作，他們就是組織的主人。要讓每一位員工都感到自己是這場改革中不可或缺的一分子。這種信任的感覺會引發奇蹟。這是指動員群眾去實現目標，振奮團隊的精神，使員工團結一致，給員工一種獲得所有權的感覺，並幫助他們了解自己的前進方向。

授權的根本是信任，如果你覺得員工難以勝任或缺乏能力，那你只能對員工嚴加管束，並對員工的業績進行評價。要是你對員工極為信任，那麼員工就會自覺管理自己，並能自我評價個人的業績。如果員工透過工作能夠有所長進，並在精神上獲得滿足，那麼，他們就不需要老闆的督促即能發揮自身的能動作用，並激發巨大的創造力。

在企業，幫助員工提高他們的能力要比自我亮相的作秀更為重要；信任大家要比顯示自己的高超能力更有價值。從長遠看，鼓舞他人、相信他人的能力及培育他人的熱情將對領導者大有好處。

查理斯．曼茲說過：「卓越領導者並不是善於發號施令的、被迷信者認為有超能力的和常令人感到有魅力的人。相反，他們樂於幫助下屬成為領導者。」

對領導者所作的大多數研究表明：各類組織在改革的時代需要領導者，在安定的時代需要管理者。然而在今天的企業環境中，改革的步伐已快捷如飛，人們難以對領導者工作和管理工作做出嚴格的區分。為了確保進步，公司必須培養每個人的領導能力和管理能力。

優秀的管理者懂得自己的主要職責是什麼，次要職責是什麼，知道自己該怎樣去履行職責從而簡化管理，以創建高效率的企業式公司，下面的例子也許會給企業老闆們一個意外的收穫。

一個小孩不小心掉入門前的深河裡。他父親剛好看見了，就趕忙游過去把他救了上來，並說：「有父親在你沒事的。」沒過幾天。小孩又掉進河裡，父親又輕而易舉的把他救了上來，此時，有許多好的鄰居都勸父親教小孩游泳，因為他們知道只有小孩會游泳才是最好的避險方法，「以不變應萬變」，不管父親在不在，小孩都會沒事，可是小孩的父親卻不以為然的說：「不必了，我會游泳就行了，他落水時我可以救他。」誰知，小孩第三次掉進了河裡，由於父親不在身邊，河邊又沒有人，結果可想而知。

父親並不是一個聰明的父親，其實他犯了一個重大的錯誤：只知道營救，而不懂得教兒子游泳，結果失去了小孩，把悲傷留給了自己。企業管理又何嘗不是這樣呢?領導者的職責是引領而不是營運。同樣的道理，企業的事情太多太複雜，每件事情不可能都經自己的手。若領導者處處去營運，也許在小規模的企業會行得通，在大一點的企業中則會造成工作效率低下，甚至管理混亂──這其實又是不可原諒的失誤。引領就是自己可以在幕後指揮，讓下屬去貫徹自己的策略方針、政策，去實際操作和運行。不需大小事情都事必躬親，即使是你最擅長的工作。

由於知識的不斷增加，不斷專業化，在許多領域，尤其是博大精深的商業領域更是如此，管理者越來越多發現自己並不是很清楚自己的員工在做什麼，但你卻可能知道他們大致在做些什麼，還有兩個令人不安的問題就是：如果我不知道他們在做什麼，我還能管理他們嗎？如果他們懂得的比我更多，我的工作還有意義嗎？答案是肯定的。俗話說「術業有專攻」，管理者注重的是策略方針，而不是具體的每件事情。

面對急劇變化的市場，唯一的成功之道就是信任下屬，為他們指引一個大方向，然後就放手任由他們發揮。同時，所有的事情最終還是落到具體每個下屬身上。其實引領是一個策略性的問題，目的是確保我們所做的事情能真正著眼於未來，積極為公司制定長期的技術策略。當著名的美國線上時代華納董事長在回答記者提問「你是怎樣管理公司的」時，凱斯回答道：「我不是營運而是引領，這需要有長遠眼光，也就是充分信任自己的下屬，成功的關鍵是：設計五到十年的自己的未來，花很多時間去設想正在到來的世界將會怎樣，而不是把時間浪費在今天、明天、這個季度或本年的工作計畫上。」

放下不該管的事

有的企業老闆工作十分繁忙，「兩眼一睜，忙到熄燈」，一年三百六十五天，天天忙得四腳朝天，恨不得將自己分成幾份。這種事必躬親解決問題的方式太落伍了。面對經濟、科技和社會協調發展的複雜管理，即使是超群的領導者也不能獨攬一切。領導者的職能已不再是做事，而在於成事了。出路在於智慧，採取應變分身術：管好該管的事，放下不該自己管的事。因此，他們必須向員工授權。這樣做對上可以把領導者從瑣碎的事務中解脫出來，專門處理重大問題。對下可以充分發揮員工的專長，彌補領導者自身才能的不足，也更能發揮領導者的專長。可以激發員工的工作熱情，增強員工的責任心，提高工作效率。並可以根除企業內部的信任危機

一般的企業領導者知道授權的重要，但有的能授好，有的卻授不好，為什麼呢？一個關鍵的問題在於授權者的態度，即是否信任下屬。比較正確的態度應當包括以下四個方面的內容：

第一，要看到員工的長處。任何人都有長處和短處，如果企業老闆能夠著眼於員工的長處，那麼他就可對員工放心大膽予以任用。如果只看到員工的短處，就有可能由於擔心員工的能力而對其加倍操心。這樣，員工的信任度就會降低。員工對企業缺乏信任，其做事的成功率就不會很高，所從對公司也不會有多大希望。所以，身為領導者對於員工不妨先用七分的眼光去看長處，再用三分的眼光去看缺點，以強化自己對員工的信任感。

第二，不僅交工作，還要授權。領導者將本部門的工作目標確定以後，需要交付下屬去執行。既然如此，就有必要將其相應的權力同時授給下屬。一般來說，將工作委託給下屬去做，這

一點是不難辦到的，因為這等於減少自己的麻煩；將權力授予下屬，就不是那麼簡單，因為這意味著對自己手中現存權力的削弱。不過，凡明白的領導者都深知職、責、權的不可分離性，因而在授權方面總是做的乾淨俐落。身為領導者，應該使自己成為一個聰明人，把權力愉快的授予承擔相應工作的下屬。當然，所授的權力不是沒有邊際的。最重要的是兩權：即下屬對有關問題包括人事任免可以作出決定的——決定權；對有關的人可以發號施令，讓其做特定事情的——發令權。這樣，下屬會因此感到上司對自己的信任和期望，為了不辜負這種期望，就會一心一意去拼命工作。

第三，不要交代瑣碎的事情，只要把工作目標講明白就可以了。否則，下屬的自主性不易發揮，信任感也會隨之減弱。作為一個領導者，對待下屬最忌諱的就是「媽媽嘴」嘮叨個不停，使下屬無所適從，不知怎麼辦才好。

第四，對下屬不應放任自流，要給予適當的指導。身為一個領導者，絕不應該以為授出了權力就萬事大吉了。應該懂得，儘管權力授給了下屬，但責任仍在自己。如果只把權力授了出去，就可以對後果不負責任，那麼下屬的能力就不可能得到充分的發揮。所以，作為一個領導者，將權力授出之後，還應該對下屬進行必要的監督和指導。若是下屬走偏了方向，就該著手幫其修正。如果下屬遇到了難以克服的困難，就應該給予指導和幫助。只有這樣，下屬的信心才會更加堅定。

領導者或管理者向員工授權時，有八個問題需要注意到：

1　「因事擇人，視能授權」，一切以被授權者才能的大小和水準的高低為依據。

2. 對被授權者進行嚴密的考察，力求將權力和責任授權給最合適的人。
3. 必須使被授權者明確所授事項的任務、目標和權責範圍。
4. 所委託的工作，應當力求是被授權者感興趣，樂於完成的工作，雙方應建立相互信任的關係。所授的工作量以不超過被授權者的能力和體力所能承受的負荷為限度，適當留有餘地。
5. 一般只能對直接下屬授權，絕對不能越級授權。否則，會造成中階主管的被動，增加管理層和部門之間的矛盾。
6. 不可將不屬於自己權力範圍內的事授予下屬，否則勢必造成機構混亂，爭權奪利等嚴重後果。
7. 盡量支持被授權下屬的工作，下屬能夠解決的問題，領導者不要再作決定或指令。
8. 凡涉及有關全面問題的，如決定企業的目標、方向和重大政策等，不可輕易授權。一般應由有關部門提出方案，最後由高層領導者直接決策。

總的來說，領導者把目標、職務、權力和責任四位一體的分派給合適的下屬，充分信任他們，放手讓他們工作，是用人的要領。

權變用人觀還把工作行為、關係行為和使用對象的成熟度結合起來考慮，主張根據使用對象不同的年齡、不同的成就感、不同的責任心與能力等條件，採取不同的行為方式。隨著使用對象年齡的增加、技術的提高，由不成熟逐漸向成熟發展，用人行為也應該按照這樣的順序逐漸變化推進：高工作低關係、高工作高關係或高關係低工作、低工作低關係。這就是說，當使用對象成熟度較低時，領導者可以採取高工作低關係的領導方式，直截了當的給使用對象規定任務，要他們做什麼，怎麼做。當使用對象的成熟度處於中等水準時，領導者適宜採取高關係高工作或者高關係低工作的領導方式，透過說服教育或參與管理來調動使用對象的工作積極性。當使用對象的成熟度達到較高水準時，領導者只宜採取低工作低關係的領導方式，透過充分授權、民主協商的辦法，組織使用對象完成任務，實現目標。

另外，即使是同一使用對象，在不同的時候，也會要求領導者有不同的領導行為。當工作任務模糊不清，使用對象無所適從的時候，他們希望領導者以高工作的領導作風出現，幫助他們對工作作出明確的規定和安排。處於例行工作或者內容已經明確的工作環境中，使用對象則希望領導者能有高關係的領導作風，使他們得到個人需要的滿足。如果工作任務已經明確，領導者還在喋喋不休的發布指示，使用對象就會覺得厭煩，認為是對他們不信任。

不事事包攬，不一竿子插到底，不越級，不錯位，不攬權，管好自己的人，辦好自己該辦的事，這樣的領導才會輕鬆而遊刃有餘。

放手使用新人

我們知道，作為一個企業的老闆，特別是大企業的老闆真的不容易，一旦用人不當便會為自己帶來巨大的損失。大材小用，勝任不了；大材小用，過於可惜；用錯了人，損失更大。所以，許多領導者不得不小心謹慎，能自己控制的盡量自己控制著，實在做不過來，交下去的權力也總是千叮嚀萬囑咐，隔不上一天半日就要檢查一次，即使讓下屬不耐煩也照做不誤。他們常常會發出這樣的感歎：「都說當領導者好，哪裡知道，當領導者是天下最苦的差事，哪一處考慮不周全都不行。這些員工，沒有一個能獨當一面，撐起大局的人！」

在他們的眼裡，下屬們不是有這樣的毛病，就是有那樣的缺陷，沒有一個能讓他放心的。他們認為：「諸葛亮這樣謹慎的人，還看錯了馬謖，結果失了街亭，弄得自己不得不冒險唱空城計，差點做了司馬懿的階下囚。天底下還有誰可以相信呢？」

而有些企業老闆卻非常相信員工，他們盡量把具體工作交給手下去做，自己只關注企業的發展方向。每個員工在他們眼裡都各有所長，都是可以獨撐一面的幹才，把工作交給他們比自己做著都放心。他們只對整個公司的大事清楚，下面的工作細節似乎與他無關，有時，他也會到基層走一走，但這並不是去親臨指導，只是去走一走，轉一轉。他們甚至糊塗得不曉得權力是個人威望的保障，不曉得分權會將自己架空，一味將權力分放給不同的下屬，弄得他在與不在，企業都能如常運轉。

然而，也正是這樣的領導者才使得員工們完全徹底信任公司信任領導者，他們沒有惰性，不用上司催促，每個人都惦記著自己的工作，知道該什麼時候完成，怎樣完成這些工作。

實際上，每個員工都有獨立操作某件事的欲望，不喜歡別人對自己指指點點，更討厭別人在自己非常熟悉的工作時說三道四。高明的領導者懂得員工的這種心理，放權給他們以此表示公司對他們的信任，他們便會發揮出自己的全部潛力，做出連他們自己也不敢想像的大成就。而他們的成就，就是公司的成績。

舉個例子來說。有些員工看起來唯一感興趣的就是薪資，下班後，他們會盡快的離開，決不多待一分鐘。但是，如果給他們信任，讓他們擔負起一些工作上的責任，增大壓力，他們的工作態度會來個一百八十度大轉彎，全然變了樣。杜邦公司總裁科爾曼·杜邦也這樣認為，他說：「一旦我讓某人負起責任，我會充分信任他，不會關心他每天工作十小時還是一小時。當然，我承認，我從未聽說過有哪個人一天只工作一小時就可以得到好的工作結果。我從不監視他們的行動，我只查看結果。如果他的工作結果令人滿意，那他花在辦公室的時間是多是少，或者是否經常打高爾夫球又有什麼關係呢？領導者充分信任他，被允許完全放開手腳工作，他就可以創出最佳成績。必須允許他按自己的方式去做事，並授予他決策的權力。我從不替任何下屬做出決定，他們必須自己決定，不然我為何讓他們對結果負責？難道你不明白，唯有在這種體制下，在取得成功的時候他才會真正感受到獲取的榮譽屬於他，而不是我。這比任何其他方式都更能消除企業內部的信任危機。」

美國著名企業家查理斯·派特森在為別人打工的時候遇到了一個敢於放權的領導者，使他得到了充分的信任，所以，當他做了領導者時，也採用同樣的管理方式。

派特森開始是公司的銷售員，很快就一次次提升，後來他成為包裝廠一個小分部的經理，他使分部的業務很快增加到幾倍的程度，以致公司決定將這個部門獨立出去。派特森發現，自己一下子成為一個獨立公司的總裁。他將成功歸因於信任員工的能力並不干預下屬部門，讓他們自己作決定。他相信，如果賦予員工充分信任的感覺，任何一個智力水準一般的人都能成功。因此，他鼓勵下屬像管理自己的企業那樣管理他們的部門。派特森從未想過要做那種抓權不放的領導者。

派特森在他的《做生意是年輕人的遊戲》中對放權的問題進行了精闢的闡述：「我們對年輕人存有不信任的思想。我們總是等他們到了『足夠大』的年齡，才讓他們擔任特定的工作。事實上，我們讓他們承擔某項工作的時候，早在幾年前他們就已做好了準備。在負責的機構中有一個部門，該部門助理是位年輕人。他是一位有事業心的小夥子，他有能力，具備了進一步發展的各種資質，可就是年齡差點——他只有二十三歲。我同那些在位的管理者們犯了一樣的毛病，我在猶豫。我阻礙了他兩年。最後，雖然對提拔他還有些擔憂——他太年輕了，但我終於提拔他做了部門的經理。很快我就發現，對他兩年的阻礙使我損失巨大。那個年輕人早已準備好從事那項工作，而且一直是那樣。他是個出色的主管，他的年齡與此毫不相干。

「事實上，絕大多數人在三十歲具有判斷力；另一些人是在二十五歲。而且從那以後，他們更多的能力來自於經驗以及靈活自如的處理工作，他們的判斷力並不會有多大提高。一小部分人很晚才取得成功，我以為這些人是缺乏信任的犧牲品，而不是因為他們發育太晚。

「無論如何，應該信任年輕人。不管其年齡大小，應當讓他們擔當其力所能及的任何職位的工作。做生意不應把年齡當成大問題。另外，一旦讓他們負責，就應當信任他們，放手讓他們去做。我們對年輕人的另一個偏見就是，我們總是不能對他們放手，就是不相信他們能把事情做好。最好讓他們自己處理問題。即使他們做錯了事情，也沒什麼大不了的，他們會馬上動起來，迅速、正確的把事情擺平。他們不會站著不動，思慮再三並且開個會議討論，眼看著他人搶走商機。」

日本經營之神松下幸之助也崇尚放手使用新人、大膽放權的管理方法。他不僅放權，還支持下屬對權力的使用。

日本是個重視論資排輩的國家，有一定資歷的員工容易令人信服，而年輕員工被突然提到高層，可能就不是如此了。為此，提拔有才幹的年輕人，不僅只是提拔，還要在提升的同時，給以切實的信任。松下的做法是，把年輕人提升為課長時，召集員工會議，讓這位新提升的課長向部屬致詞：「我現在奉命接任課長，請大家以後多多指教與協助。」然後由課內資格最老的課員，代表全體致賀詞，並說：「我們發誓服從課長的命令，勤奮的工作。」這麼做很快就能提升新任課長的威信。

這樣做，那些接受權力的人會感到生存的價值，會感到生活更加有趣味。如果能感受到這些的話，就不會覺得責任是一種束縛，也不會對繁忙的工作感到倦怠。這些觀念如同運動能促進血液循環一樣，可以使自己在忙碌的工作中忘卻疲勞。

信任下屬大膽授權，不僅不會削弱領導者的權力，反而會贏得整個企業員工的信任。員工覺得得到了信任，事業有了前途，從而滿懷熱情投身於企業的發展大業中。

放權徹底

對於權力，有些企業老闆能暫時放手，有的則絕不放手。正確的做法是：讓有能力者擁有權力。

一些企業的老闆只是把下屬叫來說這樣一句話：「其他的就由你來作決定」，然後就安排另外工作。這就是放權給有能力的人。通常領導者只決定大概，其他細節部分則交給下屬處理，這是一個讓下屬發揮能力的機會，而且，他們對工作細節的了解也比領導者多。

但是，有時當下屬的工作已經開始有進展時，領導者又突然出面干涉。結果，一切都要等領導者裁決後才能運作。雖然他口頭上說要把權力交給下屬，但事實上，決定權還是在他手上。我們常聽到看到一些領導者連工作細節也要干涉。所以，管理者事先要和下屬做好意見溝通，不能說好「都交給你」還要過度干涉。一旦說出這句話，就要絕不干涉，否則會讓下屬失去工作熱忱。

企業老闆如果沒有放權的自信，放權之後又想干涉的話，那麼最好整件事從頭到尾都由自己決定。放權並不是件壞事，當自己決定將任務交給下屬去做時，即使真有不滿意的地方，也不能再發表意見。當下屬由於無法對付某個問題而感到苦惱時，身為領導者不妨以個人的經驗提供一些方法。然而許多時候，情況往往在開始時便弄巧成拙，領導者雖想用溫和的方式傳達給下屬，但是語氣上卻隱含命令的意味，下屬表面上也許接受，心裡卻未必服氣。要知道，當下屬因為不知如何做而感到悶悶不樂的時候，管理者如果趁機在一旁干預，對於下屬而言，或許意味著對他不信任。

在此情況下，管理者不妨對下屬表示：「如果是我，我將這麼做……你呢？」以類似的做法來指導下屬，不但可保持自己的立場，也可將意見自然的傳達給下屬，甚至下屬極可能會認為領導者是站在自己的立場上考慮。這樣，領導者說服的目的便達到了。

如果管理者硬是規定下屬必須按照自己的方法去做，那麼下屬除了服從以外，便毫無選擇可言。對下屬而言，只要服從領導者的指示，自己根本不必花頭腦思考，反倒輕鬆，何樂而不為呢？然而事實上，領導者直接表示自己的方法，畢竟無法讓下屬真正學到工作的實際技巧。如果領導者能夠指出多種方法，讓下屬有機會加以思考，他們一方面會認為領導者是給自己面子，另一方面則將提高對領導者的信賴感。

此外，領導者在指導工作時，有時也可稍加改變說話的方法及語氣。例如可先考慮下屬的立場，讓下屬了解企業的利益，也就是他們的利益。如此指導工作就可事半功倍，何樂而不為呢？

大家知道講課與演講完全是截然不同的兩回事。在大學講課，主要任務在於傳授知識，只要有知識，人人均可以上講台。然而，演講則不然，為了使自己的思想能與聽眾溝通，必須「製造」刺激，換言之，就是在他們想學習的心態上點燃學習的火花。

在交往中「講話和談話」並不困難，但是領導者要讓下屬理解則不容易。就是說，要讓下屬用耳傾聽並不難，要讓下屬用心思考則不是易事。在教導下屬時，必須認識兩者的差異，才能達到預期的效果。

當下屬有過失時，無法將前述二者劃分清楚的領導者，便會一味想把自己的知識告訴他。例如向他們指出：過失的原因在於此時此地發生此事，經由某作用而產生某影響，所以我們應該如何做，如此就變成講課了。話雖然進入下屬腦中，但卻不是下屬切身需要的東西，因此無法吸收甚至容易將之遺忘。所以，最好明確指出其過失所在，但暫時不必指導該如何做以及如何追蹤過失等方法，讓下屬有自我思考的餘地。而當下屬能自己思考，卻又無計可施時，自然就會發問：「這裡該怎麼辦？」此時再給予適當的意見，才是最合乎實際的指導方法。

許多管理者為了提高工作效率，往往希望以最簡單的方式將知識傳達給下屬，而不讓他們自己去思考，如此將無法培養出優秀的下屬，這是管理者必須注意的一個環節。

人們大多有較強的自尊心、成就感和榮譽感，有透過自己的努力去完成某項工作或某種事業的要求和願望。因此，管理者應該充分信任他們，授權之後就放手讓下屬在職權範圍內獨立的處理問題，使他們有職有權，能創造性的做好工作。對他們的工作除了進行一些必要的指導和檢查，不要去指手畫腳，隨意干涉。無數事實證明，這是一項用人要訣和領導藝術。信任人、尊重人，可以給人以巨大的精神鼓舞，激發其事業心和責任感，而且只有老闆信任下級，下級才會信任老闆，並產生一種向心力，使管理者和被管理者和諧一致的工作。相反，當下屬的自尊心受到傷害時，他就會本能的產生一種離心力和強烈的情緒衝動，影響工作和同志關係。

一個企業老闆的授權與信任密切相關。如果不相信下屬就很難授權給他，即使授了權，也形同虛設。有的領導者一方面授權於下屬，一方面又不放心：一怕他不能勝任，二怕他以後犯錯誤，對有才幹的人還怕他不服管。具體表現為：越俎代庖，包辦了下屬的工作；越權指揮，給中階主管造成被動；不懂某方面的專業知識，卻干涉負責人的具體業務；甚至聽信讒言，公開懷疑下屬等等，凡此種種，都會挫傷下屬的積極性，不利於他們進行創造性的工作。

作為一個企業的老闆，要想充分發揮下屬工作的積極性和創造性，一方面要放權，使他們在一定範圍內能自主決斷；另一方面要設身處地為下屬著想，勇於承擔下屬工作中的失誤，不能有了成績是領導有方，出了過失即下屬無能。要言而有信，不能出爾反爾，言行不一，否則下屬就會對領導者失去信任，老闆也會因此而喪失威信。老闆應該充分信任下屬，放手讓他們工作，這才是作為老闆授權應有的風格。

因此，老闆授權給下屬一定要注意，既然他有能力，就讓他大膽發揮手中的權力，讓他動腦筋當自己的主人；同時，下屬出現難題時，還要在恰當時候給予指點。

要用「心」用人

經營企業就要用心靈去經營，最重要的就是要用「心」用人，對於企業老闆來說，能否成為一個成功的領導者，一方面要有卓越的工作能力和競爭意識，努力使自己的願望變為現實；另一方面則要有高超的駕馭下屬的技巧，使每一個下屬都信任你，做到人盡其才，才盡其用。

日本的伊藤四日堂在這方面，就是一個出色的實例。這家公司以經營超級市場為主，公司店員精通商品知識，而且服務周到，深得顧客滿意。伊藤社長談他如何管理店員的經驗時說：「本公司百分之八十的員工是未婚女青年，我認為公司受她們家長的重託，承擔了培養和教育的責任，所以，從公司的立場來說，絕不能讓她們成為連招呼也不打的小姐回到父母身邊，或者連東西也不會買的小姐嫁到未來的丈夫家去。基於這個緣故，公司一方面對她們特別信任；一方面要求十分嚴格，在商品知識的教育方面，也花了很大一筆開支。我常常告誡她們：『學會當一名合格的店員，不僅是為了顧客，為了公司，尤其是為了你們自己。』」

這位日本老闆真正做到了公司與員工相互信任的程度。他不只是從公司角度出發，更重要的是從女店員自身的成長出發，來教育培養她們。他為員工的前途著想，員工自然會懷著感激之情，嚴格要求自己做一名好的店員，並處處為公司的前途著想。須知公司的員工也與老闆一樣也有思想，有七情六欲。你信任他，他也會信任你；你幫助他，他也會幫助你。

作為領導者，或許你的下屬仍同往日一樣神采奕奕、笑容滿面，工作起來也格外投入，但你要意識到這有可能是一種虛假狀態，也許其中有人就正在使盡全力保持自己的神采與笑容，但他們並不是以最佳狀態從事工作。在這種情形下，如果你能對處於生命狀態低谷的下屬給予信任和愛護，那麼對方一定會以今後的十二倍努力來回報。

美國傑出的管理者艾科卡認為，領導者最得意的事情就是看到公司裡那些智商不算太高的員工提出的一些建設性意見被採納而容光煥發。

在管理中，艾科卡有一條寶貴的經驗：員工信任企業好就應當鼓勵他積極進取，多做事情，員工情緒欠佳的時候，就不要讓他太難堪，否則他一輩子也興奮不起來。他認為：要想企業有較大的發展，就要信任你的員工。

作為管理者，艾科卡非常重視每個人對公司的信任。為了使整個公司興旺起來，他總是給予每個人極度的信任。但由於不可能面對每一位員工，所以，他就信任他的副手，他的副手再信任他的部下，如此層層遞進，於是使整個企業士氣高漲、幹勁十足。

艾科卡曾以橄欖球隊的信任協作精神來說明公司的信任協作精神，他認為指揮一支球隊和領導一個大公司實際上沒有什麼兩樣。在球隊中，除了球員懂得比賽的基本要求、基本技術、比賽紀律以外，最重要的是球員之間應當有一種彼此信任、打球時全身心投入、身上的每一塊肌肉都開足馬力，這些可以稱之為集體精神的東西。具備這些特徵的球隊就一定能天下無敵，一個公司也應當如此。

有時候，雖然有的員工就好比是待琢之玉，沒有引起世人的重視，沒有得到公司的認可，若沒有獨具慧眼的「識玉者」是難以發現的。這時候，就需要管理者去做那位「識玉者」。許多員工都需要被「伯樂」相中，為其提供一個發展、施展才華的機會，才會獲得成功。當你發現你的下屬是個人才的時候，應該立刻運用。因嫉妒而將他當作平庸者看待更要不得，公司將會因此受損失而最終走下坡路。

善於相信員工，是一名優秀的管理者所要上的必修課之一。一名成功的領導者身邊總會有一群信服他的人。對於員工，不同的管理者會有不同的態度。有的管理者妒賢嫉能，持這種態度的人，尤其在看到人家能力比自己強的時候，心裡就不服，總是想方設法壓制人才，甚至不擇手段加以迫害。有人告誡說，如果在這種人手下工作，想要保住飯碗的話，就千萬不能表現得比他能幹，否則，就只有走人了。這樣的管理者肯定是一個失敗的管理者，到頭來終會成為孤家寡人，眾叛親離，身邊只剩下一些碌碌無為之輩。只有尊重員工，把員工視為至寶，能夠信任員工，不把員工與自己做比較，有才能的員工才會紛紛而來。

在任何組織當中，真正值得領導者重視的資產是人。「相信一個人，救活一個廠；信任一批人，興旺一大片。」懷疑人才，只會隨波逐流。

從一九七〇年代開始，美國哥倫比亞廣播公司的經濟效益就不斷下滑，一直在走著下坡路。後來的幾年，公司竟然出現了巨額的虧損，已面臨著申請破產的局面。當時，公司的創始人兼董事長威廉·帕利特注意到了湯瑪斯·懷曼。他對懷曼以前的經歷進行了仔細的考察。起先，懷曼在雀巢公司工作，他勤勤懇懇，由總經理助理最後升到了公司總裁；後來，懷曼又在波拉羅伊德公司裡面有卓越表現，成為公司國際部的副總裁和總經理。在那一段時間裡面，懷曼還被《時代》雜誌列入美國兩百位未來企業巨頭的名單當中。一九七五年，懷曼又到了嘉英特公司當首腦，當時，這一家生產罐頭的食品公司所面臨的處境和現在美國哥倫比亞廣播公司差不多，但是在他的努力之下，使得這一家公司終於走出了困境，而且還使得公司的業務範圍擴展到了高級速凍蔬菜和其他食品。懷曼成為當時商業界的一顆明星。

威廉·帕利特心裡盤算著，懷曼從一個小小的實習管理生算起，在管理行業摸爬滾打已經將近三十年。在這三十年裡，懷曼可以說是累積了相當豐富的管理經驗。於是，威廉·帕利特最終下定決心，要聘請懷曼來挽救這個在危機中的公司。

懷曼被威廉·帕利特請到了美國哥倫比亞廣播公司當總經理。在這之前，他和公司簽訂了一份合約，合約規定，由他全面負責公司的工作，並向公司連續領取三年的薪資，年薪為八十萬美元。同時，如果經營有力，還可以獲得數百萬美元的紅利。當然，美國哥倫比亞廣播公司在當時的狀況並不容樂觀。

在懷曼的努力之下，美國哥倫比亞廣播公司從一九八三年開始盈利，一九八四年獲得數億美元的利潤。董事長威廉·帕利特稱懷曼為「管理有方，能謀善斷的難得人才」，是「公司的福音」。

根據專家調查，在組織當中發生的判斷失策的問題有百分之四十都是來自於管理者不能客觀的判斷。如果我們的管理者們能夠撇開個人的偏見，不以自己的想像，而以寬大的胸懷去判斷事情，那麼，他就可以把失誤降到最低點，也只有這樣，才能真正消除企業內部的信任危機，使企業走向健康的發展之路。

充分信任你的下屬

一個企業老闆說過這樣一番話：剛開始有助手時，我對他所做的一切都感到不滿意，為了給他交代清楚需要做的事，往往花費我很多時間，結果他還是做不好，最後還得我自己來收拾殘局。配備助手並沒有給我騰出時間，但有一天我突然醒悟了：如果我總是過多插手，老是對助手不放心，助手就永遠也幹不好，我就永遠也別想騰出時間來。因此，我將業務進行分類，除了必須由自己完成的，其他全委派給下屬，儘管開始他們做的沒有我出色，但透過放手讓他們做，可以使他們得到培養，我也能夠從他們的工作中發現真正得力的助手。

這位老闆的例子正好說明了之所以要授權的緣由：

老闆的精力都是有限的。一個人只有一隻手，每天只有二十四小時，公司裡的事情又是千頭萬緒，如果老闆試圖去做所有的事情，即使累死也做不完。所以，必須透過合理的授權來提高工作效率。透過正確的授權，使老闆只處理那些必須由領導者處理的事情，如重要問題的決策、人才的使用以及必須由老闆出面解決的問題。這樣，老闆才能夠在同樣的時間裡做更多的事情，而不是將自己淹沒在那些日常瑣碎的事情中，表面上看忙忙碌碌，但實際上並沒有解決多少問題，或者只是做了本來應該由下屬做的事情。

企業老闆也有自己不擅長的領域，不熟悉的方面。正因為如此，所以要授權，並且授權的時候要能夠人盡其才，大膽啟用精通某一行業或職位的人，並授予其充分的權力，使其具有獨立做主的自由，能夠激發他們工作的使命感，那麼每一級的主管必定可以圓滿完成各自的任務，從而達到公司發展的目標。

D集團的鄆英達可謂深諳授權的重要性並且以敢於授權放權。一九九四年，時年三十一歲的鄆英達創建D集團，以仲介代理業務進入地產界，之後開始做住宅開發至今。鄆英達每年都有半年時間待在美國，平時的企業就交給管理層負責。D集團員工八千人，他認識的不到八十人，甚至副總經理一層，他熟悉的也不多。公司每次在各城市拿地時，他都是放手交給管理層運作，其中有專案的資金高達一百億，就由加入公司三四年、不足三十歲的青年人拍板。鄆英達真的能做到不干涉。

為什麼這麼放權？鄆英達認為，這是過往幾年極速發展的必然選擇。進行授權，對員工信任必須具有穿透性，只有這樣才能完全承擔責任、承擔壓力。不放權就沒有速度。我們跟其他同行最大的區別是決策快，然後你才能談到開工快、銷售快。放權的前提是你的團隊有共同的策略。為什麼敢於放權？鄆英達對此認為，我們用人不是亂用的，不是隨便哪個大學生一上來都能在D集團做一百億元的決策的。D集團的幹部選拔是有自己的規則和思路的，「只有那些真正認可D集團價值觀，真正能夠實現公司策略的人，才會不斷提升到高級的管理位置上。」

企業老闆不能時時事事都把權力握在手裡，而要敢於授權，善於授權，這或許就是鄆英達給老闆們的啟示。

一般的老闆不放心把權力委託給下屬，這是出於「別人不會像我自己做得那麼好」的思想，或者是懼怕下屬濫用權力，實質就是不信任自己的下屬。一個老闆要敢於授權，善於授權，信任是前提。

本田決定進入美國開工廠時，第二任社長河島在企業內預先設立了籌備委員會，聚集了來公司中最有才幹的人員。做出決策的是河島，而制定具體方案的是員工組織，他認為員工組織會做的比自己做得更好。比如：河島一次也沒有去看過位於俄亥俄州的廠房基地，這足以證明他充分授權給下屬。當有人問河島為何不赴美實地考察時，他說：「我既不是房地產商，更不是會計人員。再說我對美國不很熟悉。既然熟悉它的人覺得這塊地最好，難道不該相信他的眼光嗎？」

河島繼承了本田一貫的做事風格，把財務和銷售方面的工作全權託付給副社長。例如：在東京青山一棟充滿現代感的大樓落成了，赴日訪問的英國查理斯王子和黛安娜王妃參觀了這棟大樓，傳播媒體也競相報導，本田技術研究公司的「本田青山大樓」從此揚名世界。實際去規劃這棟總社大樓、提出各種方案並將它實現的是一些年輕的員工們，本田宗一郎本人沒有插手此事。成為國際性大企業的本田公司在新建總社大樓時，這位開山元老竟沒有發表任何意見。

在「城市」車開發中，第三任社長久米充分顯現了對下屬的相當信任的態度，「城市」開發小組的成員大多是二十多歲的年輕人，有些董事擔心的說：「會不會弄出稀奇古怪的車來呢？」「都交給這幫年輕人，沒問題吧？」但久米對此根本不予理會，年輕的技術人員則平靜對董事們說：「開這車的不是你們，而是我們這一代人。」

本田公司又會如何對待這一情況呢？久米不去聽那些思想僵化的董事們在說些什麼，而本田宗一郎也說：「這些年輕人如果說可以那麼做，那就讓他們去做好。」就這樣，這些年輕技術員開發出車型高挑的新車「城市」，打破了汽車必須呈流線型的「常規」。那些故步自封的董事又說：「這車型太醜了，這樣的汽車能賣得出去嗎？」但年輕人堅信：如今年輕的技術員就是想要這樣的車。果然，「城市」一上市，很快就在年輕人中風靡一時。

本田正是根據每個人的長處充分授權，並大膽使用年輕人，培養他們強烈的工作使命感，從而造就了本田公司輝煌的業績。

如果說企業老闆還想下屬為你「為憂解愁」的話，不妨充分信任你的下屬，大膽授權給他們吧！

用人的關鍵在於信賴

日本松下電器公司的前社長松下幸之助用人的一條原則是用而不疑。

在市場競爭激烈的情況下，發明者對技術都是守口如瓶，視為珍寶，但他卻十分坦率的將技術祕密教給有栽培前途的下屬。曾經有人告誡他：「把這麼重要的祕密技術都說出去了，當心砸了自己的鍋。」但他卻滿不在乎回答：「用人的關鍵在於信賴，這種事無關緊要。如果對同僚處處設防、半心半意，反而會損害事業的發展。」當然，也發生過本公司的員工「倒戈」的事件，但是松下堅持認為：要得心應手的用人，促使事業的發展，就必須信任到底，委以全權，使其盡量施展才能。這是他根據自己的親身體驗而建立的人生觀和經營哲學。

一般合夥企業中合夥人相處的原則是這樣，企業中老闆與員工相處的原則也是這樣。由於老闆的經營管理方式不一定是員工想像的那樣，員工的意見也可能不被老闆接納。如果大家都有互信、互諒的雅量，相信彼此都是為了把工作做好，絕不會有其他的意思，自然諸事太平。然而，不管老闆與員工之間的感情多麼好，彼此一旦發生猜疑，起了疑心，就等於在信任基礎上養殖一隻「腐蝕之蟲」，如讓蟲繼續繁殖下去，老闆的企業、員工的事業就很難長久了。演變到最後，很可能反目成仇，各走各的路。

誠信無疑，相互信任是老闆與員工相處的一條重要原則。當然，這條原則是與疑而不用聯繫在一起的。凡是居心不良、對人沒有誠意、不能志同道合、缺乏能力的員工不能使用。總之一句話，凡是經過考察，認真研究，覺得不可信任的人，則不能招聘進入公司。如果失之斟酌，盲目聘用，盲目信任，就會自食惡果。但是，如果經過仔細考察，認真研究，覺得他可以信任，進入公司後，就要推心置腹，充分信任，絕不干預。

信任是人與人之間一種最可貴的感情，信任員工就是尊重他的人格，沒有這種信任，就不可能使他產生自尊、自重、自愛，也就不可能使員工在工作中發揮積極性、主動性和創造性。老闆與員工等於是組織戰，必須要團結一致，才會產生力量。換言之，老闆和員工在互信的基礎上密切的結合在一起，才能凝聚成一股龐大的力量，否則，彼此的力量不但會相互抵消，而且還會產生反效果，形成四分五裂的局面。

可是，有些領導者的信心不夠堅強，或是在外面聽了別人的閒言閒語，或是在公司裡聽到某些員工的議論，便私下裡動了疑心，認為有些員工對他不夠忠實。只要疑心一動，就等於公司事業亮起紅燈。

俗語說：「疑心生暗鬼。」如果你用懷疑的眼光去看一件事情，必然會發現很多疑慮，認為這件事或這個人有問題。最後必定會鑽進牛角尖去，你的行動不是為了更好把公司事業做好，而是忙於證實你的懷疑是正確的，但這種懷疑卻往往是錯覺。

很多事情都有好壞兩面的看法，信任員工也是一樣，關鍵在於老闆怎麼看。

曾經有兩人合夥經營，在經營中一人提出要去外地學習技術。你說他是為了公司的發展當然沒有錯，可是，你說他是去充實自己的技術，為自己將來的事業找出路，而不是為了大家的事業，也不能說錯。因為誰都不能保證他倆能合作到底。儘管他會提出保證，他學的技術歸公司所有，但這種話也不是百分之百靠得住的。他學會了技術，自然他說話的分量就重了，萬一他到時候變了卦，其餘的合夥人就奈何不了他。

當然，相信員工也像做生意一樣，帶有幾分冒險性質，難免最後會吃虧上當。然而，除非你不打算用人做工作，否則，你必須相信你的員工，一定要有「用人不疑」的決心，才能使企業有更大的發展，千萬不可以抱著懷疑的態度試試看。如果一開始你就疑神疑鬼，擔心員工會坑你，就最好不要用人做工作，免得害了自己，也害了別人。一個各懷鬼胎的企業絕不可能做得長久。這就像投資做生意一樣，如果你心裡老是擔心虧本，什麼生意也做不成。

在企業中，領導者與員工要做到誠信無疑、相互信任，起碼要做到以下幾點。

第一，不可主觀亂猜疑。既然大家都走到一起來了，就應該精誠團結，同心同德，為企業的發展而奮鬥。老闆要以誠相待，切忌對張三懷有戒意，對李四放心不下，滿腹狐疑，最後鬧得互相猜疑，分崩離析。

曾經有過一個寓言，講的是一個人的斧頭不見了，他便毫無根據的懷疑鄰居偷了他的斧頭，並且看鄰居的說話、行動都像偷了他的斧頭，後來斧頭找到了，則看鄰居的言行都不像偷斧頭的。這則寓言中的人雖然看起來荒唐可笑，但現實中疑人偷斧頭的合夥人不乏其人。有的領導者無端懷疑員工，你提防我，我警惕你，內部的信任危機由此產生，矛盾越演越烈，給企業的發展帶來極大的危害。

第二，不要聽信流言蜚語。有時領導者與員工之間本來是相互信任、誠信無疑的，但聽了親戚朋友或其他人的議論，便對員工產生了懷疑，影響了老闆與員工之間的團結。

曾經有一個做服裝生意老闆，起初是老闆與員工同時去進貨。後來，彼此信任感增強了，同時也為了節約進貨成本，便由員工一人去進貨。由於進貨時銷售方一般都不開發票，有人便在老闆面前造謠，懷疑員工在中間做手腳，有意抬高進貨價，以便可以從中侵吞進貨款。開始時他並不相信，後來這人在他面前說多了，慢慢他也相信了。他想把去進貨的員工開除。這時，剛好進貨的員工進貨回來病倒了，而一些貨又急需補貨，老闆便去進貨。等他親自去進貨，他才發現造謠那人說的都是無中生有，錯怪了自己的員工。

試想，如果他沒有發現事情的真相，仍然抱著懷疑員工的態度，企業如何搞得好。因此，老闆不要輕信別人的流言蜚語，聽到別人有什麼議論，要認真調查，多問幾個為什麼，時刻保持清醒的頭腦，不要輕易相信別人的議論。

給資深主管多大的權力？

資深主管市場是一個特殊的人力資本市場，這是一個「職業」企業家的僱傭市場，涉及到企業家精神的甄別和激發以及企業在剩餘權利的重新安排上。資深主管是相對於企業的股東或老闆而言的，他們是借助於他們所受到的專業訓練或擁有的專業技能而走上管理職位的人。企業的職能是提供資本，而經理人的職能是營運資本。資深主管是管理分工的結果，所以企業與資深主管之間存在著天然的矛盾，即委託——代理矛盾。家族企業的高速發展帶來對資深主管需求增加，但是在缺乏信任的情況下引入資深主管是不成功的。

企業由老闆完全擁有的現象正在逐步改變，資深主管除了獲得薪資之外，還在獲得產權回報。目前，企業經理人和老闆都有一個心理放大的過程。老闆認為這錢都是他的錢，是錢賺的錢，是錢生的錢。經理人認為你的一百萬有九十九萬是我的能力賺來的。所以企業與經理人達到一個平衡點，有一個重新認識的問題，對利潤的創造與利益的分配要有一個重新考慮。

現代企業股權分散使經理人的地位凸顯，而使越來越多的老闆退居幕後，在許多企業裡的主從關係已經悄然發生了變化，加上員工持股的關係，保姆當主人的家在很多企業已經成為事實，但是隨著人力資本地位的提升，人力資本和貨幣資本之間的矛盾也變得越來越突出。

很多企業並沒有協調好老闆與資深主管之間的關係，沒有處理好兩者之間存在的矛盾，最終給企業帶來了巨大的損失。近年來，市場上頻繁發生資深主管與老闆摩擦出火的事件。無論是老闆還是資深主管，都存在著很多的問題。

由於經理人地位急劇上升，有人用這樣一則對聯來形容經理人，上聯是：錢多、事少、離家近；下聯是：位高、權重、責任輕。橫批：資深主管。這種說法雖然有些誇張，但是的確形象描述了經理人待遇優厚、位高權重、不擔風險的特點。

所謂「職業」的概念就是「以此謀生，精於此業」，資深主管自然就是要以管理為生，精於管理。從初級管理層到決策管理層的全部管理人員組成公司的職業經理團隊，職業經理承擔了公司的主要管理任務。

曾任職集團總裁的總經理佟景國先生說，對於權力上下之間，最近三年左右出現的變化，明顯在往操盤手——總經理上集中。在高科技行業，操盤手不一定是投資者，如果是純投資人和操盤手進行鬥爭，純投資者必敗，因為資本的力量還沒有那麼大。如果是幾百億，則資本的力量絕對大於人的力量。企業規模大了，資本就說話，大不了一年十多億不要了，也要保證整體集團的穩定性。但是，在很多一般的投資者，一年十億銷售額，能帶來一個億利潤，是唯一的財路，或者是主要的財路。老闆和總經理的對話中，幾乎都操盤手勝出。

由於整體團隊的力量沒有形成，企業家賦予經理人團隊的權利並不是集體分享的。幾乎都是在以總經理、總裁為代表的高層資深主管手裡。在很多人眼中，總經理總比企業家低一個層次，人們認為他們不承擔風險，企業的興衰成敗與之關聯不大，如果搞不好可以拍拍屁股走人，換一個地方，不出二十天又是一條好漢。但問題是，如果不把企業家和經理人提到同一個層次，沒有建立對經理人的重視及評審制度，企業家們則永遠睡不了安穩覺。

佟景國說，很多企業不是策略原因死的，也不是策略沒有需求了，也不是企業真的沒有錢了，而是讓自己給折騰死的，企業成了內部權力鬥爭的犧牲品。創業型企業的副總往往會成為內部權力鬥爭的始作俑者與核心人物，如果沒有這些惡性的權力鬥爭，還能有更多的高科技企業，就是大家總打仗把企業搞垮了。

給資深主管多大的權力是很大的問題。如果資深主管沒有權力，就沒有辦法管理；但如果給太多權力，又會有風險。很多資深主管，坐在那個位置當然希望權力越大越好，如果企業家對他沒有信任，他的權力就會非常小。經理人和企業家之間的權力分配，最終也取決於雙方的信任。IBM一九五〇年代雇來的總裁連簽字的權力都沒有，因為企業家不信任他，過了一年信任他之後，什麼權力都放給他了。所以，企業家和資深主管之間的權力究竟如何劃分？很大程度與信任有關。

目前尚未形成資深主管階層，法律也尚不健全，致使許多家族企業在改造中失敗。力帆集團的董事長尹明善就有著異常慘痛的經歷。最早同他一起創業的總經理的一位朋友有一天走了，他提走了一箱子機密檔，幾乎將力帆推向深淵。這個慘痛的教訓，也正是尹明善出語驚人的原因：「讓一個外人掌握你企業的技術核心機密，很危險，他完全可以隨時拿走，造成企業不穩定。」

企業和經理人雙方的不同取向導致雙方互相信任的缺乏。經理人在位的時候積極營造自己的後路，為將來哪一天自己創業做準備，帶走客戶關係資源甚至全部部下另立門戶或集體叛變到競爭對手企業服務等。法制的不健全助長了資深主管整體道德水準的低下，如在家族企業引進資深主管時，雙方簽訂合約以明確權責，並對離職或其他情況做出獎懲規定，但由於沒有一定的法律保障，簽訂的合約也形同虛設，無法執行。沒有了法律制約，資深主管在失信之後也不會得到制裁，由於失信成本太低也使有些人有恃無恐。

歷史上的晉商可以說是權力和責任最大的資深主管，而他們忠心赤膽的原因就是他們失信的成本非常高：一旦失信於老闆，其子孫後代都沒人任用。

給經理人一定的決策權

資深主管與企業所有者存在四個方面的衝突，其一是能力衝突，能力衝突有兩種情況。一種情況是企業所有者的能力達不到企業經營的要求，沒有能力領導和駕馭資深主管，也不願意輕易放權，結果是企業發展受阻。另一種情況是所有者放權或部分放權，但資深主管的能力不足以駕馭整個企業，結果導致企業失控，往往由老闆來收拾殘局。其二是利益衝突。表現在企業老闆希望資深主管付出更多的努力，得到更少的錢或其他利益；資深主管則希望付出較少的努力，得到更多的錢或其他利益。其三是道德衝突。企業老闆要求資深主管完全獻身於企業，但資深主管除了經理角色外，實際上還扮演至少三種角色，一是獨立的個人，二是家庭成員，三是社會成員。

資深主管的責任重大，他的失職可能導致整個企業運作的失敗，因此資深主管的價值一方面取決於他的專業才能，另一方面取決於他的責任心、敬業精神和對職業道德或準則的遵循。其四是信念衝突。主要表現在資深主管的個人信念與公司的文化尤其是公司所有者的價值觀之間的衝突。這種衝突往往是由於資深主管和企業老闆之間的教育背景、生活經驗以及個人的目標和對未來的理解的差異引起的。這種衝突是深層次的衝突，更具有持久性，也更難以改變。例如企業老闆可能以盈利作為首要目標，而資深主管可能以發展作為首要目標。這種衝突可能與利益衝突、能力衝突交織在一起。

作為資深主管應該有自己的行為準則。其一要恪盡職守，資深主管在自己的職位上要盡自己的責任，充分體現應有的敬業精神。資深主管的職責並非可以精確定義，其業績表現受多種因素影響，而且需要時間來評價，因此敬業精神就成了資深主管的首要素養或行為準則；其二要遵守法律，市場經濟是法制經濟，資深主管是市場經濟不斷發展的產物。因此資深主管要發揮自己的職能，必須守法，否則市場經濟的基礎就會遭到破壞。守法包括兩層含義。一是在執行自己的職能時要主動守法，不做違法的事；二是如果企業老闆強迫自己做違法的事，必須勸導對方走合法經營之路，並拒絕執行對方的要求，直到辭職。其三要堅持股東利益第一，資深主管必須為企事業創造價值，這是資深主管的基本職能。同時他還必須努力維護企業的利益，而不能利用職務之便反對企業。其四要公私分明，不利用職務之便牟取私利。這一點許多經理人做得很不好。例如不少人在上班時間處理私事，利用公司電話打私人電話，甚至建立自己的小圈圈。這些是資深主管的職責所不允許的。資深主管還不應介入股東之間的矛盾 對於有多個股東的企業，股東之間或多或少會有矛盾，資深主管應該嚴格避免捲入這種矛盾之中，即使看起來對企業有利也不行。否則就違背了資深主管的基本職能，會產生許多負面影響。

資深主管也要學會用合法手段保護自己的利益 當自己的利益受到損害時，要利用法律和市場手段來保護自己的利益，而不能利用自己的職務或不正當手段來保護自己的利益。因此資深主管在進入職業市場時就應該簽訂相關的法律檔。既明確雙方的權利、責任、義務，又規範雙方的行

給經理人一定的決策權

為，保障雙方的權益。這一點，外商做得比較好。因此，外商的高級經理離職後，很少有對簿公堂的事發生。

隨著企業之間競爭越來越激烈，企業對資深主管的要求也越來越高，一般來說，企業要求作為資深主管應具備的五個素養是尊重、專業、堅持不懈、說到做到和主動承擔責任。資深主管應該高效的執行力、開發下屬能力、建立良好關係能力、創新能力；資深主管在日常工作中必須有過人的IQ，要有很強的邏輯、推理能力，合理的知識結構，敏銳的反應能力，良好的職業習慣、道德習慣以及具備一顆寬容心、還要有膽識、膽略的度量，膽商高的人有膽識和決策的魄力，能夠把握機會，以最快的速度應對環境的變化。例如奇異電氣要求管理者應具備精力、鼓勵、決策力、執行力。要有足夠的精力去處理一切事務；能夠鼓勵下屬勇於創新，調動下屬的積極性；遇事情必須有主見，有果斷的決策能力；能夠把高層的決策很好的貫徹到執行中去。

資深主管階層的形成也使資深主管的權力越來越大，業務能力不斷加強。事物往往是矛盾的，資深主管能力越來越強，逐步成為公司權力與業務的核心，往往會因為功高震主與老闆形成對立或威脅的狀態，最後可能是不歡而散。

通常情況下，權力經常往市場集中，往研發上、往核心技術上集中，還有往財務方面集中，以及往管理上集中，這是企業橫向權力流動的一般規律。由於核心因素對企業成功的決定性太大，而且企業家老闆本人並不能判斷核心業務發展會怎麼樣，這樣的情況下，給他們一定的決策權。另外也是變相來制衡，但是核心業務的權力一旦失控，往往使企業主感覺到很大的威脅，為了避免造成被動局面，第一件事就是杯酒釋兵權，所以核心業務也很容易成為權力鬥爭的犧牲品，這也是權力的雙刃劍的一種表現形式。

第八章　建立企業的內部信心和信任

不容置疑，一個企業要有戰鬥力和競爭力，企業成員必須認可企業，對企業有信心，對企業心存信任。只有對你或企業有了很強的信任感，員工才可能產生歸屬感、榮譽感、責任感和團隊精神。

舉賢應該避親

我們有句古語叫「一人得道，雞犬升天」。這句話是說一個人有了大的發展，他的親戚朋友可以跟著「沾光」。但自古以來，對這種行為的看法就沒有一個統一意見。有的認為任人唯賢，舉才要避親，有的認為舉賢不應該避親，這樣可以避免信任危機的產生。

目前，大多數企業已經越來越多大，經濟實力也越來越強，而在這些企業裡使用自己親屬的現象都比較普遍。這應了那句老話：「打架親兄弟，上陣父子兵！」其實，在企業中使用自己的親屬本來是無可厚非，因為親屬就是自己人。與許多企業的老闆一樣，家族企業的維護者——某著名集團的董事長說：「任人唯親是為了穩定，任人唯賢是為了發展。為了企業的發展，必須由我本人或我的家人來管理。」

W公司與上面的集團公司在管理上走著絕對不同的路線，傳統強調「舉賢要內不避親、外不避仇」，但W公司自初創時開始就形成了一個不成文的規矩：「親屬不共事、舉賢要避親」。但有些企業往往只是「不避親」，並在舉薦後，形成「親上加親」的裙帶關係。W公司雖然在親屬裡可能也不乏人才，但難以兩全時，公司做出了杜絕信任危機產生的選擇，看重因此而建立的更加單純的和諧關係。現代企業制度建立，有些企業已經開始限制夫妻同在一個公司工作。如有些公司就不提倡夫妻同在公司工作，尚未入職的禁止聘用，已經在公司工作的，一般會有一人離職。

W公司的制度是非常明確的：企業要求員工入職時要如實申報在公司內是否有親朋好友，如有，必須聲明。W公司下屬公司曾有一個職員申報時說在W公司沒有親朋好友，但後來公司發現，其兄長是W公司一家分公司的部門經理，發現後立即辭退。

這條制度來源於一個故事。王石作為W公司的創始人首先不用自己的親戚、朋友、同學。一九八九年，王石離開公司去外地學習一年。回來後發現他的一位表妹在公司上班。雖說這位表妹畢業於大學國際金融專業，是公司需要的人才，但王石硬是勸說表妹離開了W公司。王石說服她的道理很簡單：如果你有本事，去哪裡都能施展；如果你沒本事，憑什麼在我這混？表妹走了，後來在其他公司取得了很好的發展。王石的率先示範和嚴格的規範制度，保證了W公司內部決不出現信任危機。

王石的觀點非常鮮明：有機會要力薦有能力的人上，不要擔心他們和自己平起平坐或超過自己。他說，有能力的人對老闆自身來說是利大於弊，在一定程度上講是有利而無害，而且對企業來說還可以培養更多的能人，大家看到有才華的人能得到提拔，會爭先恐後提升自己的能力，從而提高整個企業的戰鬥力。反之如果老闆故意壓制能人，甚至讓庸人或小人上，就很可以產生信任危機，不僅會打擊能人的積極性，使能人對企業徹底失望，而且企業中的其他成員也會有看法，嚴重者會造成整個企業的分崩離析。

其實，如果能真正做到舉賢不避親，那也還好說，關鍵就怕有些老闆的親屬是「親」卻不是「賢」。如果企業用的都是這樣的人，除了會產生嚴重的內部信任危機外，不會有別的結果。其他員工在與這些員工共事時，往往會有很多的顧慮，既擔心自己的能力得不到認可，同時害怕得罪這些員工而導致上司的批評等，這會嚴重打擊其他員工的積極性。這給企業帶來信任危機的後果，在短期內或許不是很明顯，但是從長期來看是不利於企業發展的。

更重要的是，由於是「親」，當他們違反了企業的規章制度的時候，往往礙於情面大事化小小事化了，這可能導致制度的失效和讓一大批員工對企業失去信任。公司的管理摻進很多非經濟的因素，最終將不能正常運轉。

如果存在以上情況，那就是典型的家族式企業了。家族化經營帶有一定的封閉性，家族觀念根深蒂固，使得引入優秀人才比較困難。而企業又要發展壯大，急需人才加盟，此時只有從家族內部挖掘，結果家族中一些資質平平、能力一般的人進入高層。儘管這些人不比其他員工的貢獻大，甚至還要小，他也會因自己的特殊關係而爭權奪利、不做事、頤指氣使、自封「元老」、養尊處優並要獲得超額利益，這對執行企業的管理與激勵機制打擊很大，會嚴重影響到非家族成員的工作積極性，員工產生對企業的信任危機，進而影響到企業的發展壯大。

雖然「舉賢避親」可能會讓你錯過一些人才，但權衡利弊，企業若真想做大做強，領導者就一定要「避親」。有時候，靈活處理也是必要的。方太集團在這方面就比較靈活，他們最徹底執行兩個原則：一是口袋理論。只有自己與兒子的口袋是同一個口袋。也就是說，除了親生兒子外（只適用一個兒子，不適用多個兒子）別的任何親戚都不能進入這個企業。要麼，就單獨給他另外一個企業，讓他自己去折騰去。二是家族制而非家族化。允許家族的人進入自己的企業，但不是家族的每個人都可以進入自己的企業，符合口袋理論的才可以進入。這就嚴格控制了信任危機的產生。

有好多企業，都是從夫妻店、兄弟店發展起來的，夫妻倒還好說，大不了讓妻子退居二線。但兄弟卻不好辦，大家都要做事業，即使想分開發展，由於產權的模糊，也很難分開。

唯才是舉

企業老闆「開疆拓土」，不斷壯大發展自己的事業。事業越來越大，不可能事必躬親，當然也不應事必躬親，他不可能樣樣親自去管。管理者這時需要委託自己信得過的人來協助或代為自己去處理。然而，怎樣的人才算是靠得住、信得過。

這裡靠得住包含兩個內容：一是他是否勝任，是否有能力承擔這項工作，是否有能力代為管理者處理這樣的事；二是這個人是否品德有保障，是否對企業忠心耿耿，是否願意為企業出力、賣命，為企業排憂解難。這裡涉及到一個對人才選擇的標準，到底是品德優先，還是能力優先。當然，所有的企業老闆都希望自己選擇的人能夠是德才兼備之人，畢竟誰都想「魚和熊掌」都能要，但萬一魚和熊掌不能兼得時，管理者該如何做決斷？

三國時，曹操首先提出了選才標準：唯才是舉。曹操曾經多次下令，公開求賢。他針對東漢選官的積弊，以無畏的膽略，提出了唯才是舉的選人標準。他要求各級官吏要不拘微賤，不拘品行，勿廢偏短，把那些具有真才實學的人統統推薦上來。曹操實踐了他對人才的信任和愛惜，把人無完人、慎無苛求的思想，把才重一技、用其所長的思想，把只用人才、不用庸才的思想推向頂峰。

應該說，曹操更注重「才」。而我們現在一般把人分為四等，依次為：有德有才、有德無才、無德有才、無德無才。這體現了傳統的「德本才末」的觀點。換句話說：「可靠比有能力更要緊。」這兩種觀點側重點截然不同，企業老闆一般更重視「德」，尤其是其選擇心腹時，更加注意重視「德」，即看他是否忠誠，若是不忠，不管他有無能力，他也不能給你幫什麼忙，甚至會給企業造成信任危機。因此企業老闆應更注重「德」方面的因素。實際上，這與曹操的唯才是舉並無多大矛盾，因為曹操按他的標準看來，有嚴重「品質」問題的，比如堅決反對他的彌衡、孔融等人，他是決不姑息。

要培養得力助手，就必須堅守三大原則。大凡企業老闆選擇助手，喜歡在「同鄉」、「同學」、「同宗」、「同門」、「過去老同事」等「同」字輩選擇，結果多半為「同」所害，不能不謹慎處理。選擇心腹知己不應拘泥於「同」字輩。如果非要有個「同」字，則應該以「同心」為首要條件。而「同心」則是應在工作中自然培養的。而企業老闆培養助手必須堅守以下三個原則：

第一，堅決貫徹「所愛者，有罪必罰」。企業老闆平日和親信在一起，要把握自己的主張。在向他們解釋自己的見解時，態度要誠懇，語氣要婉轉，要充分向他們說明、同他們討論，使他們了解自己的意圖。老闆在與親信相處中告訴他們自己不會姑息縱容他們，表達自己信賞必罰的決心。可以向他們敘述「諸葛亮揮淚斬馬謖」的故事：

馬謖是孔明好友馬良的弟弟，孔明派他守街亭，一再指示他要固守。年輕氣盛的馬謖則在山上設陣，企圖擊敗魏軍。結果，反遭魏軍包圍，以致街亭失守，牽動大局，使蜀軍不得不退到漢中。孔明追究戰敗責任，把馬謖依軍法判處死罪。將領們紛紛求情，孔明固然於心不忍，卻毅然揮淚斬馬謖。

歷史上為守法度「大義滅親」的何止諸葛亮一個。連漢武帝也「大義殺婿」。女婿乃是自己的半個兒子，何況他又是漢武帝的親外甥，但漢武帝聰明決斷，善於用人，執法嚴厲，毫不容情，決不姑息驕縱肆橫，以殺一儆百，使其他親信不敢驕縱。老闆們也應該清楚即使是親信，也要有罪必罰。一方面大家信服，一方面對親信也是一種約束。據以自律，彼此都有好處。

第二，堅決「嚴守上下分寸」。無論是對國家還是對一個企業來說，上下之間總有尊卑之分，有命令或服從的關係。企業老闆一定要和親信間把握好這個界限，不可越此一步。比如三國時，曹操以勇猛過人的典韋、許褚為貼身的保鏢。有一次曹操酒醉臥床。許褚仗劍守衛門外，曹仁欲入，被許褚擋住。曹仁自恃曹氏宗族，大發脾氣，許褚毫不相讓，駁斥道：「將軍雖親，乃外藩鎮守之官，許褚雖疏，現充內侍。主公醉臥營上，不敢放入。」許褚說的沒錯，不管你是什麼親信，總有自己應該堅守的本分，有自己必須遵循的規矩，「不以規矩，不成方圓」。難怪曹操事後知道，大大讚揚了許褚一番。

企業老闆應該清楚，親信倘若不能安守本分，就會濫用職權，以至於失去員工的信任，到了目無法紀的地步，再來挽救，往往已經太遲了。嚴守上下分寸，保留重大事項的最後裁決權，乃是維護親信在既定範圍內不失責亦不越軌的根本辦法。

第三，以心換心，真誠相待。企業老闆對親信應該以誠相待，真心相通。管理者和親信之間的關係應該是願打願挨，毫不勉強，正如俗話所說：姜太公釣魚，願者上鉤，且「強擰出來的瓜不甜」。論語說：「君子和而不同。」老闆和親信要「和」卻未必皆「同」。「和」是指「真情」而「同」為「利害」。凡事以「情」出發，拿「真心」換親信的「真心」，他們將會與你同心同德，不會心懷雜念，不做逾越本分的事情。總之，老闆若能與其員工同甘共苦，則親信自然也以「公天下」為重。

把員工當成真正意義上的人

第十六屆美國總統亞伯拉罕·林肯出身於一個鞋匠家庭，而當時的美國社會非常看重門第。林肯競選總統前夕，在參議院演講時，遭到一個參議員的羞辱。這位參議員說：「林肯先生，在你開始演講之前，我希望你記住，你是一個鞋匠的兒子。」那位參議員的目的就是要打擊林肯的自尊心，好讓他退出競選。此刻，人們都沉默了，靜靜的看著林肯，聽他會說些什麼話來反擊那位議員。

「我非常感謝你使我想起我的父親，」林肯說，「他已經去世了。但我一定會記住你的忠告，我知道我做總統無法像我父親做鞋匠那樣做得那麼好。」眾人不約而同為林肯鼓掌。林肯轉過頭，對那個傲慢的參議員說：「據我所知，我的父親以前也為你的家人做過鞋子，如果你的鞋子不合腳，我可以幫你改正它。雖然我不是偉大的鞋匠，但我從小就跟父親學到了做鞋子的技術。」

接著，林肯又對所有的議員說：「對參議院的任何人都一樣，如果你們穿的那雙鞋是我父親做的，而它們需要修理或改善，我一定盡可能幫忙。但是，有一件事是肯定的，我無法像他那麼偉大，他的手藝是無人能及的。」說到這裡，林肯流下了眼淚，所有的嘲笑都化為真誠的掌聲。

後來，林肯如願以償，當上了美國總統。作為一個出身卑微的人，林肯沒有任何貴族社會的後台，他唯一可以倚仗的只是自己出類拔萃的、扭轉不利局面的才華。正是關鍵時刻的一次心靈燃燒使他贏得了別人的尊重，包括那位傲慢的參議員，成就了他生命的輝煌。

在你的下屬當中，會有少數人出身「高貴」，他們或有親朋好友手握大權，或家庭背景顯赫。

同樣，也會有些人出身寒門，是憑著自己的執著和才幹一步步的走到今天。作為管理者，你是不是戴著有色眼鏡看這些人呢？如果你對待前一種人，客客氣氣、態度溫和，甚至他們工作中犯了錯誤，也要想盡辦法說服自己網開一面，寬恕他們；而對待另一種人，從來沒正眼瞧過人家，只要犯了錯誤，哪怕是一些微不足道的失誤，也要嚴加斥責，大抖領導的威風。這樣做的結果只能是造成團隊內部的分裂。因為你不尊敬別人，也別想得到別人的尊重。同時，因為你截然不同的態度使一種人難免傲氣十足，另一種人心懷不滿，如此下去，要不了多久，你的團隊恐怕就會分崩離析了，或者你走人為先。

松下幸之助當初提拔山下俊彥時，山下俊彥只是一個普通的雇員，完全沒有一點領導經驗。但松下卻堅持讓只有三十九歲，毫無「資格」的山下擔任分公司部長，而後又歷任要職，成了公司的董事。到了一九二七年，他又從名列第二十五位的董事，超越前面所有「老資格」董事，直接升任總經理。面對其他董事和員工「他沒有任何擔當要職的經驗」的質疑，松下卻固執認為，山下有出眾的才能，而且有銳意創新的精神，是整個公司的最優秀的「將才」。

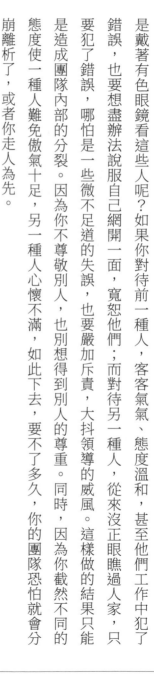

山下俊彥在擔任總經理期間，也非常重視有才能的「少壯派」，當然，這些「少壯派」也都是缺乏經驗的新人。他破格提拔了二十二名非常優秀的年輕董事，使得松下公司的主管階層，在短短的幾年裡就得到了空前的加強，公司的經營模式也從保守型轉為積極進攻型。到一九八三年，松下公司的利潤總額就比一九七七年增加了一倍。

如果每一名管理者均能把員工當成真正意義上的人，在人格上平等的人，管理中的許多問題就會很好解決。是人，就必須尊重他的人格，就應該和員工平等的交談，並透過姿勢、眼神、語調、用詞來體現對他的尊重。在日常工作中，管理者必須對員工給予必要的肯定和鼓勵，以激勵員工快樂的工作，更加全面的成長，以適應你追我趕的競爭形勢。要透過鼓勵和引導，使員工能一分為二的看待問題，做到勝不驕，敗不餒，遇事不患得患失，做到達觀開朗，要透過鼓勵和引導，使員工用合理的方法排泄消極情緒，保持快樂心情，使員工具有不畏困難、堅強、自信、果敢、豁達的性格，這樣就使員工具備了走向成功的特質。

知人善任

一個成功的領導者，離不開得力下屬的支持與配合。然而，領導者與下屬之間的關係，既是矛盾又是統一，若處理得好，下屬可以為企業的成功鋪開道路，相反的，將會成為企業前進路上的障礙。

全球速食業的龍頭老大麥當勞的用人原則在眾多世界級企業中都是獨樹一幟的。「只用最合適的人，不用最優秀的人」，這個原則頗耐人尋味。這句話提到了領導學中一個原則性問題：是用合適的人，還是用最好的人？而這個問題恰恰涉及了企業用人的根本目的：人才是來創造業績的，而不是裝門面的。在一般人眼裡，似乎出身名牌大學，有大學甚至碩士、博士學歷，經過國際著名公司的薰陶，有著顯赫的工作經歷，就是難得的優秀人才了。殊不知，即使是難得的人才，也有一個適應問題。能夠在他所熟悉的環境裡發揮自如的優秀人才，一旦進入一個陌生的環境中，往往就會顯得束手無策，處理工作也是雜亂無章。數不清的「空降部隊」敗陣而歸，歸根結柢就是不適應本土環境。除了文化衝突、環境差異等因素，不同的心態也可能成為影響其工作品質的關鍵因素。也許，這個人在原來的工作職位上並不怎麼受重視，但他憑自己的努力做出了一番成就，然後被當作優秀人才挖到了你的公司，並寄予厚望。而這種壓力則可能成為他工作中的巨大負擔，反而讓他放不開手腳。

SONY 公司的創始人盛田昭夫是一位世界聞名的企業家，他曾經寫過一本總結自己領導經驗的書籍：《讓學歷見鬼去吧》。他在這本世界暢銷書中這樣說道：「我想把 SONY 公司所有的人事檔案都燒毀了，以便在公司裡杜絕在學歷上的任何歧視。」不久之後，他就真的將這句話付諸實施了，此舉使一大批人才脫穎而出。

SONY 公司有這樣的宗旨：信奉唯才是用，而不是唯文憑是論。尤其是對科技和管理人員的考核使用，主要是看他們的實際才能怎麼樣，而不是僅僅注重其學歷。公司錄用人員不管什麼工種，無論職務高低，都要進行嚴格的考試。分配工作或提升職位時，主要依據是他考試成績的好壞和在實踐中所表現出來的能力。SONY 公司能夠做到這一點，在當今這個高度重視文憑的時代，的確是難能可貴的。

而恰恰因為 SONY 公司能夠拋開文憑標準，堅持不拘一格的選拔人才，才使 SONY 公司逐步形成了一支龐大的科技和管理人員團隊。在 SONY 公司發展到了一萬七千多名雇員的時候，科技人員就達到了三千五百多人，占到員工總數的百分之二十二；管理人員則有一千多人，約占百分之六。在科技人員當中，研發人員、設計人員、製造技術人員各占三分之一，從而實現了人才結構的大體平衡。在總公司設有中央研究所和技術研究所的情況下，研究人員不僅負責開發研製新的產品，還要在理論上加以探討和研究。SONY 公司全力在科學技術上進行投資，每年的研究金額占到總銷售額的百分之七，而許多公司只占百分之三～百分之五，這也難怪 SONY 公司能夠在新產品上遙遙領先了。

此外，SONY 公司還特別重視選拔具有高度創新精神的經理。在選拔高級管理人員這個問題上，盛田昭夫有自己的獨特方法。他們從不偏倩僅僅勝任於某一個職位的人，而是樂於啟用那些有不同的經歷，喜歡標新立異的闖將。有一次，SONY 公司聘用了一名高級職員，完全是因為這個人剛剛出版了一本英文詩集。SONY 公司也從來不把能人固定在一個職位上做到老，而是堅持人才的合理流動，為他們能夠最大限度的發揮個人的聰明才智提供機會。正是在這樣的一種人才管理制度之下，SONY 公司的員工都特別樂於承擔富有挑戰性的工作，從積極進取到奮勇爭先，整個企業始終充滿了生機和活力。

「讓學歷見鬼去吧！」SONY 公司的成功實踐已證明了盛田昭夫的這句話。當然了，我們說不能只憑學歷取人，並非完全否認學歷的重要性，盛田昭夫所強調的也是要以能任人，憑才任人，而不要局限於他的學歷。

即使下屬是一匹千里馬，也要有一名好騎士才行。成功領導者會用人之長，首先他們會給下屬一個充分展現自我的空間，發現他們的長處。其實，除了特別自卑的人，幾乎每個人都喜歡在眾人面前表現自己的長處和最拿手的技藝。因為每個人都有優越感，只不過程度不同罷了。而領導者所創造的寬鬆的工作環境，使每個人都有了展現自己的機會。作為領導者，他們這樣做，不僅僅能出色的完成工作，同時也能給下屬一種滿足。讓下屬感激不盡，從而竭力工作，以報知遇之恩。

「人盡其才，物盡其用」，「木匠手中無爛木」。從某種意義上說，會用人的領導者，可以使任何人都派上用場，「智者不用其短，而用愚人之所長也。」曹操能夠雄霸天下，和他能對人才各用其長並能互相配合的方法分不開。

建安二十五年（西元二一五年），曹操西征張魯，東吳孫權見有機可乘，率軍攻打合肥。鎮守合肥的三員大將是張遼、李典、樂進。他三人論資歷、能力、地位、職務，不相上下，也正因為這樣，所以三個人互不服氣。此時大敵當前，是戰是守，三人觀點不一；誰為主將，誰為副將，這個問題也很棘手。曹操早已做了安排，此時護軍薛悌，拿出曹操預先留給三人的信函，上面寫道：「若孫權至者，張、李將軍出戰，樂將軍守城。」

曹操對三人的脾氣、秉性了解充分，對三人的矛盾也瞭若指掌，做出上面的安排很有道理。張遼，文武職務都擔任過，有膽有識，而且深明大義，一切以大局為重，最適合做李典、樂進的老闆。樂進，雖然「容貌短小」，但是脾氣暴躁，攻城拔寨，身先士卒，是員猛將。李典，喜好做學問，舉止儒雅，與人和善，不與人爭功。他雖然跟隨曹操的時間很長，但從沒有獨當一面。按一般領導者的用人方法，以李典守城，以張遼、樂進出戰作安排。但是張遼、樂進二人勇則勇矣；而曹操讓樂進守城，張遼不會計較個人得失，李典「不善與人爭功」，二人肯定會協調一致。果然在張遼的帶動下，三人以大局為重，各負其責，協調一致，大敗孫權。團結就是力量，曹操讓三人揚長避短，「知人者智」，可見曹操善於用人之一斑。

有人認為這樣的領導者雖然能用人之長，但忽略這些人的缺點，最終可能種下禍根。要知道真正的人才大多有缺點，如果求全責備，就會無人可用。

知人善任是一切領導者獲得事業成功並贏得部下信賴的重要手段。

在常人眼中，短就是短，而在有見識的領導者看來，短也是長。即所謂「尺有所短，寸有所長。」在成功的領導者眼裡，人才通常都會具有很多特點，比如有的人凡事積極主動，時刻都表現出一種高度的自主性，很少需要上司的監督和督促，能夠自己完成工作和計畫；有的人創造欲比較強，工作效率遠遠超出其他人；還有的人自我控制力較強，即使個人情緒低落或外界有任何干擾，他們仍舊能保質保量完成工作。成功的領導者會給予員工極大的信任，更不會把更加繁瑣的工作交給優秀下屬去做，他們會給優秀下屬發揮潛能和特長的機會，讓他們放手去拼，有充分的自主權，讓這些人才在最為關鍵的地方衝鋒陷陣。在這種情況下，得到認可和授權的下屬一定會拼命工作，忠貞不二。

贏得員工的信任

三國時代劉備雖說是皇室後代，因年代已久，查無可考。他少孤，與母親一貧如洗，只好以販履織席為業。這樣一個普普通通的平民百姓，為什麼能崛起於群雄之上，成為鼎足三分的一代梟雄呢？雖說有英雄造時勢等原因，但從其本人來說，是因為他最得「攻心」之妙用，是一個非常傑出的「攻心」戰略家。

他團結部下，重在「攻心」。劉備與關羽、張飛義結金蘭，食則同桌，寢則同席，關羽與張遼的談話說出了與劉備之間的深情厚誼：「與兄（張遼），朋友之交也；我與玄德是朋友而兄弟、兄弟而主臣者也。經可共論乎？」後人知關雲長「掛印封金」、「千里走單騎」的英雄事蹟，更顯出劉備的強烈的個人魅力。

張飛因酒醉被呂布奪了徐州，使劉備家屬陷於城中，張飛因受關羽責備而要自殺。劉備說：「古人云：『兄弟如手足，妻子如衣服。衣服破，尚可縫；手足斷，安可續？』吾三人桃園結義，不求同生，但願同死。今雖失了城池家小，安忍受兄弟半道而亡？況城池本非吾有。家眷雖被陷，呂布必不謀害，尚可設計救之。賢弟一時之誤，任至遽欲捐生耶！」這話多感人，難怪張飛為他拼死一生。

趙雲，劉備一見面就非常喜愛，投靠後極度信任。長坂坡時，有人說趙雲投降曹操，劉備說不可能；當趙雲把阿斗送到劉備面前，「劉備摔子」並說，為了犬子，差點傷了自己的一員大將。劉備的話讓趙雲非常感動，從此趙雲也盡心為劉備驅使。

劉備「三顧茅廬」，使諸葛亮為他「鞠躬盡瘁，死而後已」；劉備知錯必改，向龐統誠意致歉，使龐統以死報效；劉備大膽錄用魏延，使漢中無憂；劉備不吝爵位，使老黃忠以七十高齡而不退休，戰死疆場。這些文臣武將在當時都是「種子選手」，難怪他能三分天下取其一。劉備對屬下的關愛，得到了豐厚的回報。

在企業的管理過程中，人性關懷主要表現為管理者的關懷，尤其是要給予那些最需要的人更多的關懷。

客觀的講，被關懷是每個員工內在的需求，管理者只有掌握這一管理人的要素，才能調動員工個體的主動性、積極性和創造性，讓員工發揮最大的能力，為實現共同目標而努力工作。

所謂「得人心者得天下」。管理者要想用關愛激勵感化員工，首先必須尊重人，把員工當成「人」來看待。或許有點危言聳聽，很多管理者在對待員工時，僅僅把他們看成是完成任務的工具，即便是關心他們的一些需要也是出於迫不得已，結果使得員工與管理層的關係非常緊張。這不但不利於組織整體效率的提高，而且難以在組織中形成凝聚力和歸屬感。

美國著名的管理學家湯瑪斯．彼得斯曾大聲疾呼：你怎麼能一邊歧視和貶低員工，一邊又期待他們去關心品質和不斷提高產品品質！

其實，對員工施以真切的關心，滿足員工被關懷的需求，贏得員工的「芳心」並非難事。因為員工的「被關懷」需求並非高不可攀。平日裡，管理者只需多留心，對員工各方面情況盡可能多了解，發現員工對工作的不滿之處，及時給予必要的關懷，努力幫助員工克服困難，解除紛擾，就會使員工感受到企業的溫暖。甚至一句簡單的問候，往往也能傳遞管理者溫暖、體諒的心，打動員工，讓員工感覺到自己在被尊重、被關懷著。例如員工病好後上班，管理者及時表示出自己的關切之情：「完全好了沒有，要不要再多休息幾天？」等等。如此一來，員工的感情就會因「關懷」而昇華，從而激起他們自覺做好工作的熱情，促進企業發展，給管理者的「關懷」以回報。

無論是戰爭還是商業運作，都不是單純的個人行為，而是一種較複雜的社會行動。因此，要求軍事指揮員和企業經營管理者，應該具備政治家的眼光和氣量。

《三國演義》第三十回提到，官渡之戰結束後，曹軍打掃戰場時，從袁紹的圖書案卷中，撿出一束書信，皆是曹營中的人暗地裡寫給袁紹的投降書。當時有人向曹操建議，要嚴肅追查這件事，凡是寫了黑信的人統統抓起來殺掉。然而曹操的想法與眾不同，他說：「當紹之強，孤亦不能自保，況他人乎？」於是下令把這些密信付之一炬，一概不去追查，從而穩定了軍心。

可見，曹操這位史稱「治世之能臣，亂世之奸雄」確有其非凡之處。儘管他在某些地方行事殘暴，但在使用人才方面卻始終表現出政治家的寬闊胸懷，儘管曹操多疑，但用人不計舊仇，還是可讚頌的。

除了官渡「焚書信」一事外，書中還在其他幾處描寫了他豁達大度的政治家胸懷。例如宛城之戰中，張繡率軍殺死了曹操的長子曹昂、侄子曹安民和大將典韋，曹操自己的右臂也在亂軍中被流矢所中。後來，張繡聽從賈詡的勸告投靠了曹操。曹操熱烈歡迎張繡的到來，不僅沒有報殺子之仇，而且還與張繡結成了兒女親家，並拜他為楊武將軍。張繡十分感激，他在後來的作戰中，為曹操統一北方，建立了汗馬功勞。

管理者的關懷主要體現在心理支持和行動支持兩方面：心理支持，不外乎理解、認同、信任、鼓勵等積極心理暗示。具體而言，對於信心缺乏甚至很自卑的員工，管理者的關懷最好採取暗示方式，讓他們透過自己的理解，自然的接受這種關懷，並轉化為積極的行為。反之就會弄巧成拙，「關懷」不成卻讓缺乏自信者越加心灰意冷，自卑者更加自卑。

同時，管理者從接納員工那天開始，就應擔負起引導員工成長的信任。達爾文曾說：「上帝在每個人身上都種有偉人的種子。」所以，每個員工都有可塑性和可培訓性，都具有成功的特徵。企業管理者輔助員工成長時，一定要本著帶動而不是丟棄的態度，去對待那些需要拉一把的員工，讓其有能力與大家同步前進。這也是行動支持的主要體現。

「一分付出，一分收穫。」企業管理者從思想方面著手，為員工多花費點時間和金錢進行「關懷投資」，實現與員工在思想上的融通和對問題的共識，企業獲得的必將是更多的資源與回報，這是任何一項別的投資都無法比擬的。

培養下屬

培養下屬是領導者的首要任務。一個優秀的軍官，應該把培養造就優秀的戰鬥團隊作為首要任務。你必須堅信：所有的士兵都是優秀的，你身邊的人就是最優秀的人。培養下屬就不能心存抱怨。

我們總在講，制約組織成長的是人才瓶頸。什麼地方是瓶頸？瓶頸永遠出現在瓶子的上方。一個團隊工作沒有成效，不能責怪下屬，要責怪這個團隊的領導者，因為他們是對組織的成長起著制約作用。

經常聽到一些骨幹或者企業的中、高層管理者抱怨：本來可以做得更好，但實在是手下的人不行。

為什麼會出現抱怨下屬甚至拒絕培養下屬的行為呢？

第一，這些人身上有很強烈的英雄情結。一些管理者在帶領團隊執行任務中，喜歡自己做英雄，做老大，忽視了團隊成員的作用，把團隊能力變成了個人的能力。他們要求自己是英雄，甚至認為自己已經是英雄了，同時「仇視」別人達到他的水準。結果可想而知，長此以往，有些下屬樂得成為觀眾，看領導者表演；有的乾脆離你而去。這些人有很強的控制欲，他們在工作中不僅控制自己，而且控制別人和下屬。他們希望令行禁止，所採取的方法就是嚴格要求並且以身作則。這種超強的控制欲使下屬失去了對他的信任。

第二，忽視團隊的力量。一些管理者們在得到老闆的肯定、取得一定成績的時候，又喜歡把功勞記在自己的功勞簿上。他們不明白，沒有團隊成員的支持和通力協作，單槍匹馬是完不成任何工作的。

有這樣一位企業中階主管骨幹，剛開始在一個小部門工作時，由於年輕、不熟悉情況，所以他謙虛謹慎，尊重下屬，積極與其他部門協調，工作很有成效。不久，他被提拔到更高位置。提升後，他認為這都是自己的功勞，是自己能力的體現，表現也漸漸傲慢起來：對下屬倨傲，與其他部門爭功諉過。公司上下普遍認為：這個人變了。後來，部門員工聯名給董事長和總經理寫信，要求撤換該部門經理。其他部門經理也默許此建議。最後的結果是，眾怒難犯，公司高層經討論後，撤換該部門經理了事。他的失誤是忘記了「水能載舟亦能覆舟」的祖訓。因為，下屬的支援是領導者成就自我的關鍵，所以，要對下屬關心，要學會發動員工、依靠員工。當然，這種關心和依靠，不能失去原則。如果到了稱兄道弟、勾肩搭背的程度，要實現真正意義上的管理就難了。寬嚴有度，才是一個領導者對下屬應有的態度

第三，看不起下屬，總埋怨下屬能力不足。有些領導者說，我也想培養下屬，但我手下的人不行。作為領導者要堅信：你身邊的人最優秀。在我們的職業環境中，常常期望自己的下屬、同

事是什麼樣子的，你就要把他當成你期待的樣子對待。

當年，劉備三顧茅廬，終於有了隆中對。諸葛亮指點江山，氣勢如虹，三分天下，規劃了一個安定天下的大策略。但讓人百思不得其解的是，諸葛亮鞠躬盡瘁、死而後已，這樣一個幾乎是道德和智慧化身、沒有瑕疵的人，為何不僅沒能實現匡扶漢室的理想，而且蜀國還是三國中最先亡國的呢？當時的情況是，劉備死後，諸葛亮身居丞相高位，能力超群，卻沒有一個培養接班人計畫，甚至對阿斗也沒有進行培養，以致造成後來「蜀中無大將，廖化充先鋒」的局面。他最後選定姜維做接班人，主要還是讓姜維做事，對姜維如何制定戰略、如何處理內政，尤其是處理與成都朝廷集團的關係等方面缺乏悉心培養指導。他這麼做不行，連他的對手司馬懿也看出來了，事務繁雜又事必躬親，肯定活不長了。果然，諸葛亮不久就積勞成疾，太早離開了人世，形成了蜀國巨大的危機。

諸葛亮之壯志未酬，固然有當時複雜的政治、經濟和軍事等方面的很多因素，但他沒有下力氣培養下屬、培養接班人，肯定是主要原因之一。

作為領導者，抱怨下屬不行是一大忌諱。因為，抱怨下屬不行，無非有兩個原因，第一，是下屬不聽指揮，你領導不了他。如果是這種情況，說明你的能力不行或管理方法有問題；第二，是下屬沒有長進，工作不稱職。如果是這種情況，說明你不能教育並幫助他成長，同樣證明是你的能力不行或管理方面有問題。

哈佛大學的羅森塔爾博士曾在加州一所學校做過一個著名的實驗。新學期開始時，羅森塔爾讓校長把三位教師請進辦公室，對他們說：「根據過去的教學表現，你們是本校最優秀的老師。

因此，學校特意挑選了一百名全校最聰明的學生，把他們分成三個班讓你們教。這些學生的智商比其他孩子都高，希望你們能讓他們取得更好的成績。」

三位老師都高興表示一定盡力。校長又叮囑他們，對待這些學生要像平常一樣，不要讓學生或者學生家長知道他們是被特意挑選出來的。

一年之後，這三個班的學生成績果然排在整個學區的前列。這時，校長才向老師說明了真相：這些學生並不是刻意挑選出來的最優秀的，只不過是隨機抽取的普通學生。這讓三位老師都以為自己的教學水準確實高。這時，校長又告訴老師第二個真相：他們也不是全校最優秀的教師，同樣是隨機抽取的普通教師。

事實上，結果正如羅森塔爾博士當初所預料的那樣：這三位教師都認為自己是最優秀的教師，學生都是高智商的優秀學生，因此對教學工作充滿信心，工作自然非常賣力，結果當然就非常「理想」了。

其實，每個人都賦有巨大的能量，關鍵在於發揮管理的效能。管理者的任務就是要充分運用每個人的長處，共同完成工作。

揚長避短，用人所長

在團隊中，管理者可能會遇到十分頭痛的人物，作為領導者可以根據不同的情況採取措施。比如：可以尋求公司高層管理者的支持，將這類員工全部開除，以保持組織的純潔度。但是，這是你實施管理的最終目的嗎？這樣做能使你不斷挑戰更高的管理績效嗎？是的，你可以透過這樣的方式保證組織不出問題，但到最後，你得到的可能真的是一個非常聽話然而平庸無比的團隊——根本無法創造更高的管理績效。作為一個優秀的管理者，你應該有胸襟、有能力融合各種類型的員工，讓適合的人做適合的事，並且激勵他們不斷挑戰更高的工作業績。

世界上沒有兩片完全相同的樹葉，任何事物之間都有差異。同樣，在企業裡，每一個員工都有自己的個性、特長和工作方法，主管只有讓每個員工發揮特長，才能各盡其能。

有這樣一個故事：丞相要出使別國，走了幾天，來到一條大河邊。丞相無法向前，只好求助於船夫。船夫划著船靠近岸邊，見丞相一副士人打扮，便問：「你要過河去做什麼？」丞相說：「我要到齊國去，替我的國君遊說齊王。」船夫滿不在乎指著河水說：「這條河只不過是個小小的縫隙而已，您都不能靠自己的本事渡過去，您怎麼能替國君充當說客呢？」

丞相反駁船夫說：「您說的並不對呀。您不了解世上的萬事萬物，它們各有各的道理，各有各的規律，各有各的長處，也各有各的短處。比方說，兢兢業業的人忠厚老實，他可以服侍君王，卻不能替君王帶兵打仗；千里馬日行千里，為天下騎士所看重，可是如果把牠放在室內捕捉老鼠，那牠還不如一隻小貓好用。寶劍干將，是天下少有的寶物，它鋒利無比、削鐵如泥，可是給木匠拿去砍木頭的話，它還比不上一把普通的斧頭。就像你我，要說划船，在江上行駛，我的確遠遠比不上你；可是若論出使大小國家，遊說各國君主，你能跟我比嗎？」船夫聽了丞相一席話，頓時無言以對。他心悅誠服的請丞相上船，送丞相過河。

船夫和丞相都是各有各的特長，各有各的職務，想要完成度過河去出使他國這一件任務，則需要丞相和船夫兩方面相互配合才行，都發揮長處才行。同樣，在一個團隊當中，每一個都是各有所長各有所短，每一個人都不可能是全才。只有在他人的協助之下，才能夠完成一項重要的任務，達到一個共同的目標，實現一個共同的計畫。特別是進入了現代社會，人與人之間的分工也變得越來越細緻，每一個人所負擔的工作所占全部任務的部分也越來越小。但是，這並不等於說每一個人祈禱的作用就是越來越小，相反，每一個人的作用都將是非常重要的，因為只要有一個環節沒有處理好，那麼其他所有的人努力都將會成為一堆廢物。

作為團隊精神的核心，就應該是互惠互利，互相幫助。只有在每一個人都透過做好自己的本分工作，從而協助他人完成相應的任務，全部團體的任務才有可能被高效率完成。每一個團體成員只有在全部團體任務完成之後，才能夠體現出自己的價值。如果全部團體的任務不能夠很好的完成，那麼每一個團體成員的勞動是沒有任何意義的。

對於一個團隊而言，僅僅做到重視個人能力與職位相配還不行，團隊需要的是整體的力量而不是個人能力最佳化。要實現整體的力量最佳化就應該實行最佳化組合，使團隊之間的人能夠相互取其長、補其短。松下幸之助有一個著名的「兩個輪子」的管理哲學。這一個觀點的論點就是：「員工與管理者，是公司企業車上的兩個輪子。只有當兩個輪子都處於協調、均衡狀況的時候，我們才能夠真正得以生存、發展和繁榮，廠方和員工也才可以得到效益，兩方面本來就是相互依存的。」因此，他認為，一個企業一定需要有協調的行動，不然，這樣的公司就會是一個失敗的公司。管理者的一個重要的職責就是維持企業內部的協調，而要維持協調，就應該實行最佳化組合。

有這樣一則寓言：有一個很善良的人剛剛死去，上帝決定讓他去天堂享福，並派了一個天使前去引導他。於是天使領著他前往天堂。他們走過一個房間。他看見看到裡面很多人，手持長柄的勺子，圍著一口大湯鍋，搶著從鍋裡撈東西。但是因為柄太長，勺子裡的湯都送不到自個嘴裡，他們擠得一塌糊塗卻誰也喝不上湯。天使告訴那人：「這裡就是地獄。」

又過了一陣子，他們走過另一個房間，看見裡頭也有一群拿著長勺的人，他們也是手持長柄的勺子，圍著一口大湯鍋。但是與剛才那一個房間裡面的人不一樣的是，這個房間裡面的人都是排隊從容的舀出湯，然後用長勺互相餵食。這裡面一片幸福安詳。「我們到了，這裡就是天堂」，天使說對這個人說。

同樣是很長的勺子，同樣是圍著一口大鍋，但是沒有一種最佳化組合的結果就是誰也不能夠喝到湯，而一旦大家相互最佳化組合在一起，每一個人都可以喝到鮮美的湯了。天堂與地獄的差別就在於此，一個優秀的團隊和一個差勁的團隊其差別也在於此。從這一則寓言當中，我們可以看到，對於一個團隊而言，良好的組合是有多麼的重要。同樣的團隊人員、團隊資源、由於不同的組合方式，就會有不同的力量，就能產生出不一樣的績效。

作為團隊的管理者，一個重要的任務就是要讓自己的團隊處於一個最佳化組合的狀態。最佳化組合這一個原則包含的內涵有兩個方面，其一就是要讓每一個人都待在合適的職位上，人盡其才，人盡其用，發揮出每一個人的最大功效，這就是對每一個員工個體來說的；其二就是要讓企業內部實現有機的協調。只有在有機的協調之下，在有一個良好的持續之下，才能夠使得企業內部不僅僅是一加一等於二，而是一加一大於二。在有機的協調之中，企業獲得的總的力量，將會

遠遠大於將員工所有力量的簡單相加，這就是最佳化組合的效果

團隊要想成功，就需要各種各樣的人才。管理者在選拔人才的時候，必須出於公平，揚長避短，用人所長，將完成全體的目標放在個人一時利益的需求之上，做到人盡其才，才盡其用，不能夠任人唯親，嫉妒賢能。同時，要做到團隊人員的素養互補性，使之產生協同效應，實現真正的最佳化組合。

授人以魚不如授人以漁

給一個人一條魚，你只能餵飽他一天；教會一個人釣魚，才能使他一輩子不會挨餓。作為團隊領導者，不但要自己會釣魚，還要教會員工釣魚——這是企業贏得員工信任的最佳途徑。

給人以魚只能使他「做對了事情」，授人以漁則可以使他「以正確的方法做事」，不僅要做正確的事，還要正確的做事。知識更新速度加快的時代，公司已不可能承受停止學習所帶來的災難性後果，發掘每個人學習的潛能是企業成功的必經之路。在劇烈競爭的狀態中，比對手學的更快就意味著最穩定的競爭優勢。奇異電氣公司的前總裁傑克．威爾許說：「一個企業學習的能力，以及把學問迅速轉化為行動的能力，就是最終的競爭優勢。」學習型組織對所處環境極其敏感，造就了公司創新與適應的能力，在全球化時代特別需要這種能力。

真正優秀、能夠留住人才的公司，不僅僅在於薪資水準，而且在於你的公司能否讓員工得到鍛鍊成長的機會。W公司集團就是一個善於授人以漁的企業，在所有的房地產公司中，W公司的

薪水並不是最高的，王石曾經說W公司的薪資水準只能維持在同行業優秀公司的百分之七十五以上，但是W公司最後被評為「大學生的最佳雇主」，成為房地產行業的「黃埔軍校」而引領著行業的潮流，究其根源就在於W公司重視對人才的培訓，每年「新動力」招聘的學員都要集中在總部培訓三個月之後才讓其上崗，不僅如此，平時W公司也宣導一種內部學習的文化，給與各種各樣的機會讓員工學習，所以整個企業充滿凝聚力。

現在，一個新觀點正在被越來越多的企業所接受，這就是：「培訓是最大的福利」。許多企業不惜重金使員工接受新觀念，充實新的知識。培訓是間接投資，雖然培訓不是今天投一萬元，明天就立刻能產出二萬元的利潤，但只要堅持下去，那些善於學習的團隊，最後一定會成為贏家。

縱觀著名企業的發展，無一離開「學習」二字。美國排名前二十五位的企業中，有百分之八十的企業是按照「學習型組織」模式進行改造的。一些企業也透過創辦「學習型企業」而給企業帶來了生機勃勃。毫無疑問，進入二十一世紀，隨著科技的進步和知識更新速度的加快，不管是作為創業者，還是守業者，一定要不斷學習，更新自己的知識，才能適應日趨激烈的競爭。作為員工，也只有不斷學習，使自己成為「知識型員工」，才能適應企業發展的需要。某高科技公司就是一個非常注重學習的企業，董事長郭廣昌先生經常說一句話：「企業之間最核心的競爭，就是看誰能比競爭對手學習得更快！」

作為一個企業來講，最重要是要形成企業學習的文化，有自己的學習策略，形成團隊學習，ICC就是很講究學習策略的公司。

布魯斯．雅格卑是ICC公司（美國清算代理公司）的首席執行經理。ICC公司是紐約市一家擁有八十五名雇員的票據檢查服務公司，它代替銀行、法律機構和其他工商組織進行公開記錄檢查。這是一項艱難的、不討人喜歡的工作。從事這項工作的大多數公司在人員培訓方面，除了基本的在職培訓外，幾乎不做任何其他工作。然而雅格卑這位人才培訓開拓迷甚至從新雇員第一天上班起，就向他們撒播要永遠注重技藝建設、個人發展和職業行為的種子。

所有等待招聘的人員都要與部門經理、人才資源管理者和八名公司雇員（分成兩組）會見交談，最後再與雅格卑交談。委託人服務經理埃里克、格林斯沃德認為，在ICC公司工作的先決條件是要具備學習能力。

雅格卑本人竭力使應聘者能做好充分準備來完成他本人的期望，也就是他對應聘者的期望。雅格卑說：「我的工作是說服他們接受ICC公司，並告訴他們，一旦選擇到ICC公司工作，他們本人能夠得到什麼。我對他們說明ICC公司是一家普普通通的組織。在這家公司有許多學習的機會，但是沒有意想中的各種頭銜。我告訴他們，如果我們期望你做的事使你神經緊張，忐忑不安的話，那就是好事，如果你打算在這裡得到幸福快樂，你必須要有在你的舒適安逸區以外生活的意願。」

每一位管理者都要負責鑒定和提高雇員們的專業技能。各部門經理和企業管理者要教授ICC「大學」的十六門課程。這些課程包括軟體操作、人際關係、工商法和銷售，以及市場營運等。雅格卑向全體雇員進行領導方面的培訓，每位經理都要有選擇的在本部門會議上進行一些適當的學習訓練。例如：格林斯沃德在每次和他的下屬會面以前總要向他們提出一個與工作有關的課題，如改進業務的方法，對改變公司運作有什麼打算或者有沒有特別令人憤怒的事等等。

此外，所有委託人服務代表，即為委託人代辦或協調大多數票據結算工作的職員都要接受推銷培訓，培訓中強調個人呈送。為什麼強調這一點呢？格林斯沃德認為，在許多情況下每一位職員都有可能直接面對委託人。事實上，當發生問題時，公司對委託人服務的聲譽不單純指望能順利排除困難，而且還依賴於訪問委託人，並向委託人解釋發生了什麼問題以及是如何處理這些問題的。

在公司內透過各種正式的儀式、個人獎勵和有形報酬等措施來支持每個雇員學習新技藝的要求。格林斯沃德說，每位管理者的一部分工作不僅是鞭策雇員學習新技藝，而且要親自了解和鼓勵他們的進步。有一年ICC公司舉辦了全公司範圍的答謝活動，確認了已經完成課程學習的學員們的成就，並向他們頒發了小獎品。此外，雇員們完成了具體推銷或服務目標後，公司也用舉辦中餐獲義大利披薩招待會的形式，對其成功表示認可和感謝。學習和教授雇員也是提高個人薪資——員工只有對老闆或企業有了很強的信任感，才可能產生歸屬感、榮譽感、責任感和團隊精神。

靠制度來最佳化管理

一個企業可能有成千上萬個員工，主管不可能認識每一個員工，也不可能親自來激勵、監督每一個員工，那麼，主管憑什麼來管理成千上萬的員工，讓所有的員工圍繞企業的策略轉呢？唯一的答案就是制度！好的企業一定有一個好的制度，管理最終要靠制度來保障！

在企業管理中，人們對「文化與制度」的認識經常陷入一種盲點：或把二者對立起來，或把二者混為一談，分不清二者在企業管理中的地位與作用。有人把企業文化概括成三個層次：物質文化、制度文化和精神文化。這種從廣義角度界定的企業文化，無疑把制度包含在內，即制度也是一種文化，制度更多的強調外在的監督與控制，是企業宣導的「文化底限」，即要求員工必須做到的。

制度與文化是互動的。當管理者認為某種文化需要宣導時，他可能透過培養典型的形式，也可能透過開展活動的形式來推動和傳播。但要把宣導的新文化滲透到管理過程之中，變成人們的自發行動，制度則是最好的載體之一。文化優劣或主流文化的認同度決定著制度的成本。當企業宣導的優秀文化且主流文化認同度高時，企業制度成本就低；當企業宣導的文化適應性差且主流文化認同度低時，企業的制度成本則高。由於制度是外在約束，當制度文化尚未形成時，在沒有監督的情況下，員工就可能「越軌」或不能按要求去做，其成本自然就高；當制度文化形成以後，人們自覺從事工作，制度成本就會大大降低，尤其當超越制度的文化形成時，制度成本就會更低。企業的制度文化是企業行為文化得以貫徹的保證。企業員工生產、學習、娛樂、生活等方面直接發生聯繫的行為文化建設如何，企業經營作風是否具有活力、是否嚴謹，精神風貌是否高昂，企業內部是否沒有信任危機，員工文明程度是否得到提高等，無不與制度文化的保障作用有關。

敢於任用年輕人

人才不可能長久的保持在才華橫溢、光芒四射的最佳狀態，這是不以人的意志為轉移的客觀規律。如果常常過度拘泥於台階、資歷、求全責備等思想障礙，就會使一些很有潛力的人才難遇「伯樂」，待到社會認為該用了，組織覺得輪到了，人的才智也過時不候了。

金朝有一個人叫阿魯罕，出身寒微，是個曠世之才。金世宗時，從外路胥吏中選補優秀人才入朝，他從應選的三百人中以第一名的成績脫穎而出，此時已年近六旬。以後的任職歷程中，他在多個職位上做出了傲人的業績，以自己的品行、才幹贏得上層的器重，職位也由此一步步得以升遷。當其最終被朝廷任命為參知政事的要職時，在任上做了還不到五個月的時間，就因年邁病重而請求辭職了。金世宗深為惋惜，對朝臣說：「凡要用人，應當在他心力旺盛時就委以重任，如果考慮資歷、門第，往往會使那些有才能的人到了年邁體衰的時候，還沒有提拔到充分施展其才智的職位上，他的才能還未來得及發揮，心力就不支了。」

領導者在大膽使用年輕人的同時，還要多我關注女性下屬。

女性的感情一般是比男性較為敏感的，她們由對方一個舉動或一句說話，便可以聯想到許多事來。例如看見上司接見面試者，就揣測某位同事可能會被調走或解雇。最奇怪的是，一般神經質的女性下屬只是對於私人事件較感興趣，卻不能用在公事上。這實在是非常可惜的，但是女員工並無感到不妥，只是一貫的保留好奇的性格。

對待想像力過強的女性下屬，上司不宜經常做出澄清，以免招致更多的話柄。在任何時候，均如常的工作，不跟她們談公事以外的事情。雖然你明知道是哪一位下屬造謠，但是絕不能因為她搬弄你的私事而對她怎樣。除非她涉及損害公司聲譽的行為，否則毋須理會，也可以說是不要與她們一般見識。

上司更應該避免跟她談私事，讓她跟隨你的作風，在她面前批評公司以外她不認識的人，但切記不能以公司內或大家認識的人為箭靶，這樣才能使她自我反省。這種人只要在不影響工作的情況下，是無須過度關注的，故此平時應多注意其工作，使她能投入到工作中。

初踏足社會工作的女性下屬，均有努力的優點。除非本身素養太劣，否則她們是會努力於工作上，力求表現的。

一些小心眼的女性下屬有很優厚的潛力，其敏感的觸覺，可以發現一些別人忽略的小節。例如客戶的企圖和意願，往往是女性營業員較早預知，因而做出適當的應付方法的。她們用心工作，對環境的要求頗高，而且容易產生排斥新人的行為。尤其是一些被認為對她們的地位有威脅的同事，更加排斥之。這種過度關注小處的作用，可能忽略了重要環節，未能為大局著想。

面對這類下屬，身為領導者應正視她們的優點，另一方面，引導她們處理一些大問題。她們在開始時，會有逃避處理較複雜事項的心理，你不讓她們故意逃避，反而要她們多想、多做，久而久之，即能訓練下屬在處理工作時鉅細無遺，效率更見提高。

電話聊天，特別是私人電話，對工作造成的影響不單只是效率方面，也會因為電話源被占用而影響工作進度。無論為了什麼原因，經常用電話來聊天均不宜姑息處之。不過，偶一為之，則可能是該下屬私生活出現問題，必須靠電話與某方面保持聯絡，例如親友生病、朋友有困難幫助等。

領導者應予以體諒有真正需要的下屬，但對於經常使用電話聊天的下屬，可做出以下的應付方法：

1 給她較多的工作量，並限時完成。

2 暗示公司不欣賞經常電話聊天的下屬。

3 關切的詢問她是否有難題，並勸她趕快解決，以免影響情緒。

由於女性較為敏感，日常所遇到的事情未能灑脫處理；有些則在公事上理智，私事上卻感情用事。主管應多了解下屬的性格，做出適當的引導，使他們知道公事被私務困擾是不明智的。

只要掌握上述訣竅，讀懂女性下屬應該不是難事。

第八章　建立企業的內部信心和信任

敢於任用年輕人

團隊風險指數

超速凝聚高效團隊力，攜手破解企業信任危機

作　　者：楊仕昇，朱明岩　編著
發 行 人：黃振庭
出 版 者：清文華泉事業有限公司
發 行 者：清文華泉事業有限公司
E-mail：sonbookservice@gmail.com
粉 絲 頁：https://www.facebook.com/sonbookss/
網　　址：https://sonbook.net/
地　　址：台北市中正區重慶南路一段六十一號八樓 815 室
Rm. 815, 8F., No.61, Sec. 1, Chongqing S. Rd., Zhongzheng Dist., Taipei City 100, Taiwan (R.O.C)
電　　話：(02)2370-3310
傳　　真：(02) 2388-1990
印　　刷：京峯彩色印刷有限公司（京峰數位）

定　　價：380 元
發行日期：2021 年 01 月第一版

國家圖書館出版品預行編目資料

團隊風險指數：超速凝聚高效團隊力，攜手破解企業信任危機 / 楊仕昇，朱明岩編著．-- 第一版．-- 臺北市：清文華泉事業有限公司，2021.01
　面；　公分
ISBN 978-986-5552-58-9(平裝)
1. 企業領導 2. 組織管理
494.2　　109021398

官網

臉書